KNOTEN

KNOTEN

Knoten • Schlaufen • Schlingen • Bindeknoten • Verkürzer • Steks

Geoffrey Budworth

DEMMLER VERLAG

Copyright © Parragon Books Ltd

Entwurf und Realisation:
Stonecastle Graphics Ltd.

Layout: Paul Turner und Sue Pressley
Herausgeber: Philip de Ste. Croix
Knotendiagramme: Malcolm Porter
Knotenfotos: Roddy Paine

Copyright © für die deutsche Ausgabe:
Parragon Books Ltd
Chartist House
15-17 Trim Street
Bath BA1 1HA, UK
www.parragon.com

Übersetzung aus dem Englischen: Wiebke Krabbe
Redaktion und Satz der deutschen Ausgabe:
Lesezeichen Verlagsdienste, Köln
Koordination: trans texas publishing service GmbH, Köln

2014 genehmigte Sonderausgabe by Demmler Verlag
ISBN: 978-3-944102-06-1

Printed in China

Fotos auf Seite 10, 46–47, 50,
56, 64, 72–73 © Stonecastle Graphics Ltd.

Fotos auf Seite 98–99 © Mike Dobson

WARNHINWEIS

Dieses Buch ist eine allgemeine Einführung in das Binden
von Knoten. Verwenden Sie keinen der Knoten im Zu-
sammenhang mit Aktivitäten, die ein Sturz- oder Verlet-
zungsrisiko bergen. Lassen Sie sich stets von qualifizierten
Fachleuten beraten und angemessen auf die geplanten
Aktivitäten vorbereiten und bei Exkursionen immer von
einem ausgebildeten Bergführer oder Skipper begleiten.
Tauwerk oder Knoten dürfen niemals um den Hals
einer Person gelegt werden. Jede Art von Tauwerk
sollte immer sicher aufgeschossen und außerhalb
der Reichweite von Kindern aufbewahrt werden.
Beim Binden oder Festziehen von Anglerknoten besteht
ein erhöhtes Risiko, sich am Angelhaken zu verletzen. Das
lässt sich leicht vermeiden, indem man ein Stück
Radiergummi, Kork oder Modelliermasse auf den Haken
steckt, bevor man mit dem Knoten beginnt. In freier Natur
kann auch ein Stück Baumrinde verwendet werden.

Inhalt

Einleitung

Es gibt kaum eine Aktivität, bei der der Mensch sich noch heute jahrtausendealter Techniken bedient. Fast alle Arbeitsabläufe haben sich mit der Zeit drastisch verändert, nur Knoten schlingen wir noch heute genauso wie unsere frühesten Vorfahren.

(Richard Hopkins, *Knots*, 2003)

Jeder sollte einen guten Knoten kennen, vielleicht auch zwei ... oder zehn. Wenn Ihnen das Wissen dazu fehlt, bietet Ihnen dieses Buch eine gute Gelegenheit, diese Lücke zu füllen, denn immerhin haben sich viele Menschen das Knoten sogar als Hobby gewählt.

Man sollte sich nicht von den industriell gefertigten Schnallen, Clips, Klammern und anderen scheinbaren Wunderwerken abhängig machen, wenn ein geknotetes Stück Tauwerk diese Zwecke ebenso gut oder gar noch besser und preiswerter erfüllen kann. Darum haben die kreativen, bescheidenen Knoten-Fans auch meist ein Stück Schnur in der Tasche.

Es kann sich im Alltag als sehr nützlich und praktisch erweisen, einige der Knoten aus diesem Buch zu erlernen. Ein Knoten-Fan gerät nicht in Verlegenheit, wenn er einem Verletzten eine Armschlinge anlegen, ein Abschleppseil am Auto anbringen oder eine gerissene Drachenschnur reparieren soll. Vom Astronauten bis zum Zoologen: Niemand kommt wirklich ohne Knoten aus.

Abgesehen von den praktischen Aspekten macht das Knoten auch Spaß, ganz ähnlich wie ein Puzzle oder Kreuzworträtsel. Und obendrein ist es ein gutes Training der Feinmotorik, denn geschickte „Knoter" bringen erstaunliche Kunstwerke, Dekorationen und sogar Schmuck aus Schnur und Tauwerk zu Stande.

Weil Beschäftigungen, die Fingerfertigkeit verlangen, besonders viele Nervenverbindungen aktivieren, kann das Knoten sogar therapeutische Wirkung haben. Dieses Wissen wird beispielsweise in der Behandlung von Schlaganfall-Patienten eingesetzt.

Das Knoten kann Kunst, Handwerk und Wissenschaft sein – alles zusammen würde den Rahmen eines Einführungsbuches jedoch sprengen. Wahrscheinlich gibt es auf diesem Gebiet noch immer einiges zu entdecken. Die Knotentheorie etwa ist eine Unterdisziplin der Topologie, die Wissenschaft von den Lagebeziehungen ohne Rücksicht auf metrische Relationen. 1990 erhielt der Neuseeländer Vaughan F. R. Jones, Erfinder des Jones-Polynoms, die Fields-Medaille, die in Mathematikerkreisen als dem Nobelpreis ebenbürtig gilt, für seine erfolgreiche Forschung zur Knotentheorie.

Kurze Geschichte der Knoten

Von der Steinzeit bis ins Zeitalter der Weltraumerforschung haben Knoten den Menschen große Dienste erwiesen. Heute schreitet die Knotenkultur schneller voran, weil immer neue Werkzeuge, Techniken und Theorien entwickelt oder entdeckt werden. Von den rund 500 existierenden Büchern über Knoten ist mindestens ein Fünftel in den letzten 20 Jahren erschienen. Die ersten Bücher, die sich mit Knoten beschäftigten, waren Handbücher über die Seefahrt.

Rechts: *Südamerikanische Gauchos und westamerikanische Cowboys lernten verschiedene Knoten, die man mit nur einer Hand knüpfen kann.*

Unten: *Knoten, Spleiße und die Pflege von Tauwerk beschäftigte Seeleute auf langen Reisen. Solide Kenntnisse waren häufig überlebenswichtig.*

Die ersten Knoten gab es, ehe die Menschen Feuer oder Ackerbau, das Rad, die Windkraft und vielleicht sogar eine Sprache kannten. Schon die ersten Jäger und Sammler kannten Knoten.

Funde aus dem Paläolithikum belegen, dass die Menschen damals Knoten in geschmeidige Wurzeln, Sehnen, gedrehte Seile aus Därmen, Gräsern oder Haaren knüpften, um Lasten anzu-

heben, Kleidung und Zelte herzustellen, gefangenes Wild zu bändigen, zu fischen, verletzte Gliedmaßen ruhig zu stellen, Feinde zu fesseln und Menschenopfer zu strangulieren.

Auch die Erbauer der frühzeitlichen Megalith-Kultstätten, der mittelalterlichen Festungen und der beeindruckenden Tempel in aller Welt brauchten Tauwerk und Knoten. Darin unterschieden sie sich nicht von den späteren Ingenieuren, die beispielsweise die Tower Bridge oder den Hoover-Staudamm errichteten.

Tauwerk hat es den rastlosen, neugierigen Menschen ermöglicht, Berge zu besteigen, Schluchten zu überwinden und in Höhlen hinab-

und wieder hinauszusteigen. Viele Schlachten und Eroberungen wurden mithilfe der Knoten in den Sehnen der Bogenschützen entschieden.

Seemannsknoten sehen oft interessant aus, sind aber immer vorrangig funktionell. In einer Zeit, die wir heute nostalgisch als Goldenes Zeitalter der Seefahrt bezeichnen, hielten geknotete Hanfseile das Rigg stattlicher Schiffe aufrecht und ermöglichten die Bedienung der zahlreichen Segel. Weniger bekannt ist, dass Gauchos und Cowboys eine Reihe komplizierter Knoten für das Zaumzeug ihrer Pferde und für ihre Lassos verwendeten und sogar aus Pferdehaar Schmuck und kleine Geschenke knüpften.

Infos über Tauwerk

Der Oberbegriff für alle Materialien, in die man Knoten bindet, ist **Tauwerk**. Beträgt der Durchmesser mehr als 10 mm, spricht man von **Seilen, Tauen** oder **Tampen.** Dünneres Material, das einem eigenen Zweck dient, wird oft als **Leine** bezeichnet (z. B. Wäscheleine, Hundeleine). Ist es noch dünner, hat man es mit einer **Schnur** oder einer **Kordel** zu tun. Und die ganz feinen Ausführungen bezeichnet man als **Garn** oder **Faden.**

Synthetisches Tauwerk

Heutzutage besteht das meiste Tauwerk nicht aus Natur-, sondern aus Kunstfasern. Die gängigsten Materialien sind die so genannten 4 Ps:
• **Polyamid** (auch als Nylon bekannt)
• **Polyester** (auch Terylene oder Dacron)
• **Polyäthylen**
• **Polypropylen**

Alle sind reißfest, langlebig und resistent gegen Schimmel und Verrottung. Nylon verliert in feuchtem Zustand etwa 15 % seiner Reißfestigkeit, erholt sich aber nach dem Trocknen wieder. Polyester ist etwas schwächer als Nylon, reagiert aber nicht auf Feuchtigkeit. Polypropylen verträgt UV-Strahlung nur schlecht. Wenn es häufig der Sonne ausgesetzt ist, wird es allmählich spröde.

Nylon dehnt sich und fängt dadurch die Belastung durch Gewichte oder Rucken ab, ohne seine Bruchgrenze zu überschreiten. Darum ist es besonders gut für hohe Zugbelastung geeignet, etwa für Bergsteigerseile, Festmacher für Boote oder Angelleinen und -sehnen.

Im Hafen hört man Fachbegriffe wie Festmacher, Fall, Schot, Dirk oder Spring; das will gelernt werden.

Wird das Nylontauwerk entlastet, verkürzt es sich wieder auf seine ursprüngliche Länge.

Polyester besitzt nur wenig „Reck", und auch diese Restelastizität kann im Herstellungsprozess eliminiert werden. Es wird immer dann eingesetzt, wenn Dehnung unerwünscht ist, etwa für das stehende Gut von Booten – Masten und ähnliche Aufbauten. Auch für laufendes Gut (Tauwerk zum Bedienen von Segeln), das durch Blöcke geführt wird, kann es verwendet werden.

Polypropylen ist weniger stabil als Nylon und Polyester, dafür aber preiswerter. Weil es auf dem Wasser schwimmt, verwendet man es für Wurfleinen, Zugleinen für Wasserski, aber auch für die Leinen an Rettungsringen an öffentlich zugänglichen Küsten.

Oben: *Bergsteigerknoten müssen stabil und sicher sein sowie leicht zu lernen und schnell zu lösen.*

Unten: *Anglerknoten gehören zu den wenigen nicht vorgefertigten Elementen der Ausrüstung.*

Daneben gibt es noch einige „Superfasern", die sehr leicht sind, aber stabiler als Stahlseile oder Spinnenfäden. Dazu gehören:

• **Kevlar, Twaron** und **Technora** sind so genannte Aramidfasern
• **Spectra** oder **Dyneema** sind UV-stabile HMPE-Fasern (High Modulus Polyethylene)
• **Vectran** ist eine so genannte LCP-Faser (Liquid Crystal Polymer)
• **Zylon** ist eine extrem strapazierfähige Spezial-faser, die auch für die Herstellung von kugel-sicheren Westen verwendet wird.

Bei all ihren bemerkenswerten Eigenschaften haben diese neuen Superfasern aber auch einen stattlichen Preis. Obendrein haben sie auch eini-ge Nachteile. Manche sind nicht sehr abriebfest, andere widerstehen Dauerspannung nicht lange, manche sind nicht UV-stabil. Dem begegnen die Hersteller, indem sie die Superfasern mit einem Mantel aus geflochtenem Polyester umgeben.

ACHTUNG

Alle synthetischen Materialien schmelzen und reißen, wenn sie über ihren jeweiligen Schmelzpunkt hinaus erhitzt werden. Die kritischen Temperaturen liegen bei:

Nylon = 250 °C

Dacron oder Terylene = 245 °C

Polypropylen = 150 °C

Polyäthylen = 128 °C

Dyneema oder Spectra = 165 °C

Vectran = 500 °C

Auch niedrigere Temperaturen können Einzelfasern anschmelzen und das Tauwerk schwächen. Darum immer reichlich Abstand zu Lagerfeuern und Grills halten und auch Erhitzung durch Reibung möglichst vermeiden.

Unten: *Geschlagenes, geflochtenes und ummanteltes Tauwerk, matt und glänzend. Die enorme Vielfalt an syn-thetischem Tauwerk zeigt, was Forschung und moderne Herstellungsverfahren ermöglicht haben.*

![Naturfasertauwerk in verschiedenen Farben und Stärken]

Tauwerk aus Naturfasern

Bis vor 60 Jahren wurde Tauwerk nur aus pflanzlichen oder tierischen Fasern hergestellt. In vielen Teilen der Welt werden Naturfasern noch immer überwiegend verwendet, nur in den Industrienationen wurden sie weit gehend von Kunstfasern abgelöst. Trotzdem sollte man Naturfasern nicht außer Acht lassen, denn sie machen das Knoten abwechslungsreicher. Verschiedene Rohmaterialien werden zu Tauwerk verarbeitet:

• Bast- oder Stängelfasern (Flachs, Hanf und Jute)
• Hartfasern (Kokos, Holz, Manila und Sisal)
• Samenfasern (Kapok, Baumwolle)
• grobe Haare (Rind, Ross, Ziege)

Auch Fasern von Dattelpalmen, Baumrinde, Reet und Gräsern werden verwendet. Zu den tierischen Rohstoffen zählen Därme, Haare, Seide und Wolle.

Oben: Weiß, beige, braun, weich und flexibel oder hart und borstig – Naturfasertauwerk atmet den nostalgischen Charme vergangener Zeit.

Naturfasertauwerk muss immer gut getrocknet und an einem luftigen Platz hängend aufbewahrt werden, weil es im Gegensatz zu Kunstfasern schimmeln, verrotten oder von Schädlingen befallen werden kann.

Hanf ist eine der stabilsten und langlebigsten Fasern, **Manila** ist allerdings bei Feuchtigkeit weniger anfällig für Verrottung. **Sisal** ist eine preiswertere Alternative zu beiden Fasern. **Kokosfaser** ist elastisch und verträgt auch Salzwasser. Obwohl Manila viermal so stabil ist, verwendet man Kokosfaser häufig für Wurfleinen oder zum Umhüllen von Fendern.

13

Tauwerk im Fokus

Abhängig von der Spannung, die beim Herstellen des Tauwerks von der Maschine auf die Fasern ausgeübt wird, kann Tauwerk **weich** (geschmeidig, ideal zum Üben von Knoten) oder **hart** (steif und hart) sein.

Traditionelles Tauwerk (Abbildung rechts) besteht aus drei **Kardeelen,** die im Uhrzeigersinn zusammengedreht sind. Man spricht von **rechtsgeschlagenem** bzw. **z-geschlagenem** Tauwerk. Sieht man sich die einzelnen Kardeelen von rechtsgeschlagenem Tauwerk genauer an, erkennt man, dass jede aus einzelnen „Fäden" besteht, die entgegengesetzt (also links herum) zusammengedreht sind und **Garn** genannt werden. Jeder Garnstrang besteht aus vielen **Fasern,** die rechts, also entgegengesetzt zur Schlagrichtung des Garns, gedreht sind. Dieser Wechsel der Schlagrichtung sorgt für den festen Zusammenhalt der Fasern, Garne und Kardeelen und bestimmt Aussehen und Qualität des Tauwerks. Gelegentlich sieht man noch sehr dickes Tauwerk, das aus drei vollständigen Seilen gedreht ist. Diesen Tauwerkstyp bezeichnet man als **Trosse.**

Naturfasertauwerk ist normalerweise geschlagen, Synthetiktauwerk besteht dagegen meist aus einer inneren Seele und einem äußeren Mantel. Während Naturfasern tierischen und pflanzlichen Ursprungs kurz und unregelmäßig sind, unterscheidet man bei Synthetiktauwerk zwei Fasertypen:

- **Monofil** – Durchmesser größer als 50 Mikron (= Mikrometer), entspricht 0,005 mm,
- **Multifil** – Durchmesser kleiner als 50 Mikron.

Beide Fasern sind fortlaufend und haben einen runden Querschnitt. Es ergibt sich aus ihrer Struktur, dass Synthetikfasern glatt sind und glänzen, während Naturfasern durch die vielen

Garn — Fasern
Kardeele —

rechtsgeschlagen

linksgeschlagen   Trosse

Faserenden an ihrer Oberfläche viel rauer sind. Weil die glatten Fasern rutschig sind und Knoten schlecht halten, werden sie bei der industriellen Herstellung mattiert und leicht aufgeraut, sodass sie sich samtiger anfühlen. Gelegentlich werden die synthetischen Endlosfasern auch zerkleinert

(sodass sie wieder den Pflanzenfasern ähneln) und erst dann zu Tauwerk verarbeitet. Ein anderer Typ relativ preiswerten Tauwerks besteht aus Polypropylenfolien, die zerkleinert, gekämmt und zu Seilen geschlagen werden. Dieses relativ harte, raue Tauwerk ist in vielen Farben erhältlich.

Der äußere Mantel von Synthetiktauwerk kann aus 8, 16 oder 32 Bündeln parallel verlaufender Monofil- oder Multifil-Fasern bestehen, die miteinander verflochten sind. Die Seele (das Innere) kann aus drei Strängen geschlagen oder geflochten sein oder einfach aus parallel liegenden Fasern bestehen. Solche Produkte (F, G, H und J in der Abbildung unten) bezeichnet man als **ummanteltes Tauwerk**. Geflochtenes Tauwerk ohne Seele wird **Hohlgeflecht** genannt.

Besonders flexibles Tauwerk wird aus acht oder zwölf miteinander verflochtenen, dickeren Fasersträngen hergestellt. Man bezeichnet es als **quadratgeflochtenes Tauwerk**.

Oben: Unterschiedliches Synthetiktauwerk und sein Aufbau

A) dreikardeelig, 6 mm Ø, vorgerecktes Polyester, rot

B) dreikardeelig, 10 mm Ø, Nylon, dunkelblau

C) dreikardeelig, 12 mm Ø, Polyester, weiß

D) dreikardeelig, 12 mm Ø, Polypropylen, blau

E) dreikardeelig, 14 mm Ø, Polyester, hanfbeige

F) 5 mm Ø, schwarz-rosa Polyestermantel mit Dyneema-Seele

G) 8 mm Ø, roter Matt-Polyestermantel mit Polyesterseele

H) 12 mm Ø, Geflecht über Geflecht, weißer Matt-Polyestermantel mit blau-gelber Zeichnung

I) 12 mm Ø, quadratgeflochtenes Nylon, dunkelblau

J) 16 mm Ø, Geflecht über Geflecht, weißes Polyester mit blauer Zeichnung

Tauwerkspflege

Schadhaftes, abgenutztes und aus anderen Gründen geschwächtes Tauwerk kann eine ernsthafte Gefahr für Leib und Leben darstellen. Hinzu kommt, dass gutes Tauwerk teuer ist. Sorgfältiger Umgang und gute Pflege zahlen sich also in mehrfacher Hinsicht aus.

> **Achtung**
>
> Beim Verschweißen von Synthetikfasern entstehen gesundheitsschädliche Dämpfe, darum nur im Freien arbeiten. Bei Hautkontakt können heiße Fasern Verbrennungen verursachen.

Es ist gar nicht so schwierig, Tauwerk in gutem Zustand zu erhalten. Lesen Sie hier, wie es geht.

- Tauwerk grundsätzlich vorsichtig und pfleglich behandeln.
- Unvermeidbare Reibung auf ein Minimum reduzieren.
- Kontakt des Tauwerks mit Öl, Schmierfetten, Schmutz, Fett, rauen Untergründen und aggressiven Chemikalien vermeiden.
- Nicht extremer Kälte und Hitze aussetzen.
- Starke Sonnenbestrahlung (UV) vermeiden.
- Tauwerk regelmäßig waschen und gut spülen.
- Naturfasertauwerk gründlich trocknen lassen.
- Unter Last stehendes Tauwerk regelmäßig auf gerissene oder ausgefranste Fasern, Schäden am Mantel oder verschmolzene Fasern durch Reibung kontrollieren.
- Geschlagenes Tauwerk und Trossen aufdrehen, um Schäden an innen liegenden Kardeelen, Garnen oder Fasern aufzuspüren.
- Ummanteltes Tauwerk in regelmäßigen Abständen austauschen, weil Schäden an der Seele nicht zu erkennen sind. Strapaziertes Tauwerk kann danach noch eine andere Aufgabe erfüllen, bei der es weniger unter Last steht (etwa beim Üben von Knoten).

Aufschießen von Tauwerk

Dünne Leinen und Schnüre können zu handlichen Knäueln gewickelt werden. Rechtsgeschlagenes Tauwerk muss immer in großen Ringen im Uhrzeigersinn (siehe Zeichnungen rechts) aufgeschossen werden. Nach jedem Kreis wird das Tauwerk leicht in sich im Uhrzeigersinn gedreht. Dadurch wird verhindert, dass es sich verheddert – was bei geschlagenem Tauwerk leicht passiert. Aus dem gleichen Grund wird linksgeschlagenes Tauwerk ebenfalls im Uhrzeigersinn aufgeschossen, aber gegen den Uhrzeigersinn in sich gedreht. Geflochtenes und ummanteltes Tauwerk verträgt beide Richtungen.

Beim Aufschießen wird das Tauwerk in sich gedreht. Wird geschlagenes Tauwerk richtig aufgeschossen, treten beim Abwickeln und beim schnellen Ausrauschen selten Probleme auf. Falsch aufgeschossenes Tauwerk kann sich verheddern.

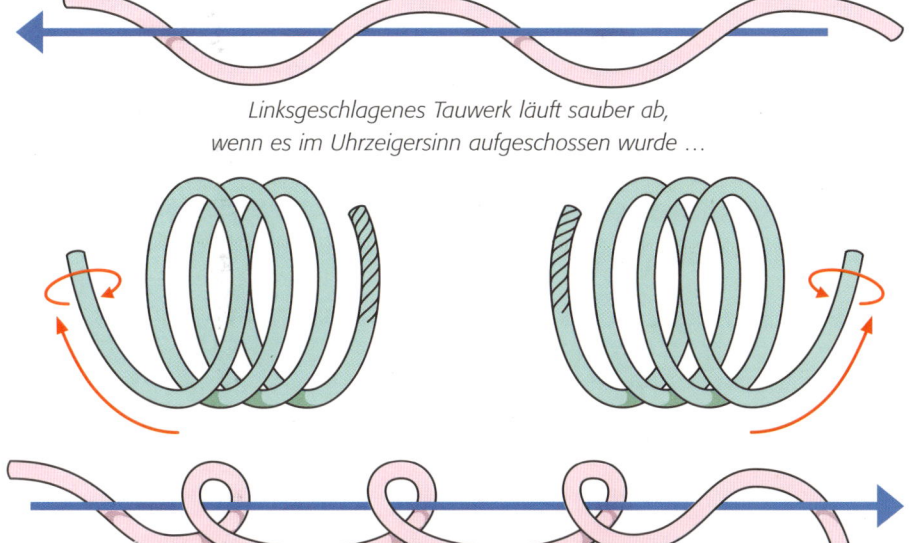

Linksgeschlagenes Tauwerk läuft sauber ab,
wenn es im Uhrzeigersinn aufgeschossen wurde …

Links: Stimmen Aufschieß-
richtung und Drehung des
Tauwerks, läuft es leicht
und problemlos ab. Ande-
renfalls verheddert es sich.

Links: Stimmen Aufschieß-
richtung und Drehung des
Tauwerks, läuft es leicht
und problemlos ab. Ande-
renfalls verheddert es sich.

Unten: Drei Möglichkeiten,
Tauwerksenden vor dem
Aufdröseln zu sichern (von
links nach rechts): Takling,
Tape und Verschweißung.

… und verzwirbelt sich, wenn es gegen den Uhrzeigersinn gewickelt ist.

Verschweißen, tapen, verknoten oder takeln?

Schneidet man Tauwerk ab, franst es aus und
löst sich auf. Synthetiktauwerk ist diesbezüglich
wegen der glatten Kunstfasern besonders anfällig. Um das Tauwerk zusammenzuhalten, wird
beiderseits des vorgesehenen Schnitts ein doppelter Konstriktorknoten (Seite 22–25) darum-
gebunden. Alternativ können Sie das Tauwerk
auch stramm mit wasserfestem Klebeband umwickeln oder einen Takling (Seite 26) arbeiten.

Synthetiktauwerk kann in einem Arbeitsgang
geschnitten und verschweißt werden. Knoten,
Tape oder Takling werden dadurch überflüssig.
Halten Sie einfach ein brennendes Streichholz
oder Feuerzeug an die vorgesehene Stelle und
schmelzen Sie das Material durch. Dickeres Tauwerk schneidet man mit einer erhitzen Klinge
durch. Schiffsausrüster und Segelmacher besitzen
auch ein spezielles, elektrisch beheiztes Schnei-
dewerkzeug, das man an einer Werkbank befestigen oder in der Hand halten kann.

Knoten und ihre Namen

Alpiner Schmetterling, Webeleinstek, Affenfaust – sind das Figuren im Eiskunstlauf oder heimtückische Computerviren? Nein, es sind Namen von Knoten. Die Gemeinde der Knotenkenner hat eine ganz eigene Sprache, die zunächst verwirrend, dann aber hilfreich ist.

Es gibt tausende von Knoten und zu manchen noch zahllose Variationen. Alle aber lassen sich wenigen Hauptgruppen zuordnen:

• **Bindeknoten** dienen zum Verbinden zweier Enden mit einem Knoten, der sich später leicht lösen lässt.

• **Steks** braucht man zum Anbinden eines Seils an einen festen Gegenstand, etwa einen Ring, einen Poller oder eine Reling (oder an ein anderes Seil).

Außerdem fallen unter die umfassende Bezeichnung **Knoten** noch feste und bewegliche **Schlingen, Zurrringe, Verkürzungen, Stopperknoten** und andere.

Um einen Knoten zu lernen und zu verwenden, muss man seinen Namen nicht kennen. Doch dieses Wissen ist nützlich, wenn man sich mit anderen Knotenkundigen (oder Sportsfreunden) darüber unterhalten möchte. Unerlässlich wird es, wenn man Bücher zum Thema lesen möchte. Die Knotensprache ist sowohl hilfreich als auch verwirrend. Der Name eines Knoten kann Auskunft geben über

• sein Aussehen (Acht-, Kreuzknoten, Rundtörn)

• seine Verwendung (Taljereepsknoten, Palstek)

• seinen Verwender (Chirurgenknoten).

Der Name kann auch – korrekt oder falsch – Angaben machen über

• die Herkunft (Alpiner Schmetterlingsknoten, Chinesischer Kreuzknoten)

• den Erfinder (Ashley-Stopper, Tarbuck-Knoten).

Manche Knoten haben fantasieanregende Namen (Kurze Trompete, Zeppelinknoten), während andere viele Namen tragen (der Achtknoten wird auch als Flämischer Knoten bezeichnet).

ACHTUNG

Die stehende Part eines Seils bezeichnete man früher als Bucht. Darum heißen Knoten, die ohne Verwendung eines losen Endes geknüpft werden, noch immer „in der Bucht". Heutzutage versteht man unter Bucht aber einen doppelt liegenden, u-förmigen Abschnitt des Tauwerks. Man kann zwar in das Ende eines Seils eine Bucht legen und dann einen Knoten binden, doch ist dies kein Knoten „in der Bucht" im strengen Sinne. Es wird lediglich „mit der Bucht", also dem gedoppelten Ende, geknotet. Knoten „in der Bucht" brauchen keine Enden. Alles klar? Ein bisschen Seemannslatein gehört beim Knotenknüpfen nun einmal dazu.

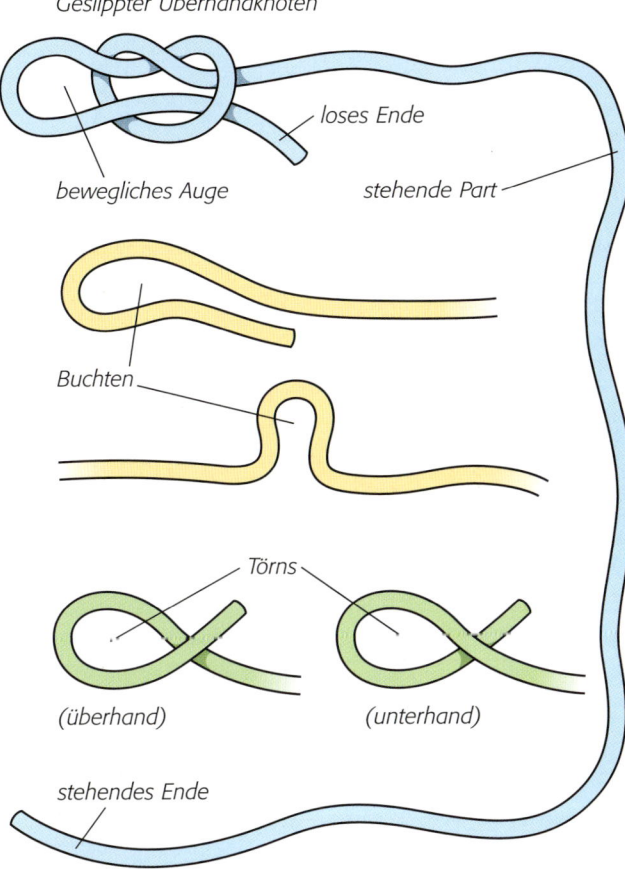

Geslippter Überhandknoten

loses Ende

bewegliches Auge

stehende Part

Buchten

Törns

(überhand)

(unterhand)

stehendes Ende

Knotenlatein *(siehe Zeichnung oben)*

Nehmen Sie ein Stück Tauwerk zum Knoten in die Hand, dann arbeiten Sie mit dem **losen Ende.** Das Stück, das nicht bewegt wird, ist das **stehende Ende.** Und alles, was zwischen diesen Enden liegt, ist die **stehende Part.**

Legen Sie eine Bucht, und drehen Sie sie einmal, dann erhalten Sie einen **Törn.** Liegt das lose Ende über der stehenden Part, ist es ein **Überhandtörn.** Liegt das lose Ende unten, haben Sie es mit einem **Unterhandtörn** zu tun.

Wird ein Knoten eilig oder nachlässig gebunden, ist er schwach und unzuverlässig. Ebenso wichtig wie das richtige Knüpfen ist darum das

sorgfältige Festziehen oder **Dichtholen.** Nur wenige Knoten können wie eine Schleife im Schnürsenkel durch einfachen Zug an den Enden dichtgeholt werden. Die meisten Knoten werden erst mit den Fingerspitzen in ihre richtige Form gelegt, dann wird vorsichtig und gleichmäßig durch Zug an allen Enden die „Luft" aus den Windungen gelassen. Wenn der Knoten dann seine endgültige Form hat, wird noch einmal an allen Enden gezogen, um ihn endgültig dichtzuholen.

Tauwerk einkaufen

Um die Knoten in diesem Buch zu lernen und zu üben, brauchen Sie nicht mehr als einige Enden Tauwerk von 2 m Länge und verschiedenen Durchmessern zwischen 5 und 10 mm. Sie sollten recht weich sein und dürfen gern verschiedene Farben haben.

Kaufen Sie Tauwerk für einen anderen Zweck, sollten Sie immer bedenken, dass dickeres Tauwerk stabiler ist als dünneres Material. Doppelter Durchmesser bedeutet etwa vierfache Stärke. Geflochtenes Tauwerk ist strapazierfähiger als geschlagenes, Synthetikfasern sind stärker und langlebiger als Naturfasern – insofern kann Synthetiktauwerk etwas dünner sein. Kaufen Sie kein Tauwerk, das dicker und hochwertiger (und somit teurer) ist, als für den jeweiligen Zweck nötig.

MEHR-ZWECK-KNOTEN

Die meisten Knoten dienen verschiedenen Zwecken, darum ist die Einordnung in Gruppen immer etwas willkürlich und unverbindlich. Natürlich lassen sich viele – wenn nicht alle – Wassersport- und Bergsteigerknoten auch für andere Aufgaben gebrauchen. Nur die Anglerknoten sind teilweise speziell für dünne Nylon-Angelsehnen entwickelt worden und eignen sich nicht unbedingt für dickeres Tauwerk. Aber auch das gilt nicht immer, denn der Wirbelknoten beispielsweise ist unter Hafen- und Bauarbeitern auch als Kurze Trompete oder Katzenpfote bekannt. Die Anglerschlinge ist so vielseitig, dass sie besser in die Gruppe der Mehrzweckknoten passt als zu den Anglerknoten, zu denen sie eigentlich gehört.

Konstriktorknoten

Der Konstriktorknoten ist ein fester, aber schlecht wieder zu lösender Bindeknoten. Man verwendet ihn als provisorischen Takling, er eignet sich aber auch als improvisierte Schlauchschelle oder zum Fixieren von Holzteilen beim Verleimen.

> **Expertentipp**
>
> Liegt ein Konstriktor-knoten nicht auf Slip, kann man ihn nur lösen, indem man die schräg oben liegende Part mit einem scharfen Messer durchtrennt. Dann fällt der Knoten auseinander.

Methode 1 (mit einem Ende)

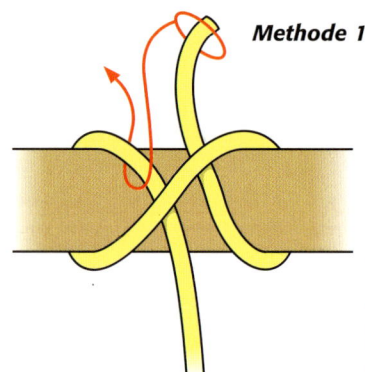

1 *Zum Festmachen mit dem losen Ende einen Törn um einen Ring oder eine Stange legen, dann schräg überkreuzen, in diesem Fall von SW nach NO. Einen zweiten Törn legen und das Ende unter der Diagonalen nach oben führen.*

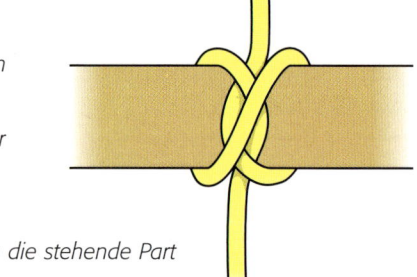

> **Knotenlatein**
>
> Es ist historisch erwiesen, dass ein ähnlicher – vielleicht sogar identischer – Knoten in der griechischen Antike von Ärzten verwendet wurde.

2 *Dann die stehende Part etwas lockern und das lose Ende wie zu einem halben Schlag darunter durchschieben. Den Knoten durch Zug an beiden Enden dichtholen, sodass der obere Törn die beiden unteren bekneift. Danach können die Enden dicht am Knoten abgeschnitten werden.*

Methode 2 (in der Bucht)

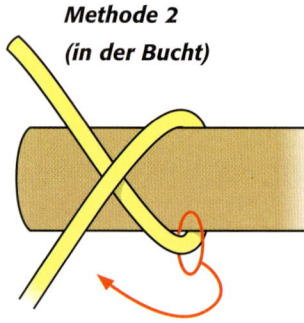

1 *Ein Konstriktorknoten sollte möglichst in der Bucht (also ohne Ende) geknüpft werden. Zuerst einen Törn um das Rohrende oder einen anderen Gegenstand legen.*

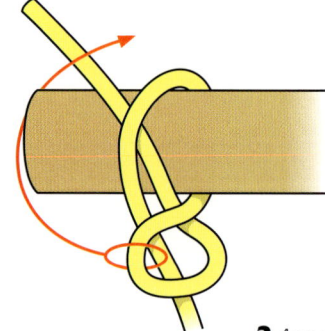

2 *Aus dem unteren Teil des Törns eine Bucht ziehen und verdrehen.*

3 *Die Bucht über das Rohrende stülpen. Den Knoten durch Zug an beiden Enden dichtholen.*

Doppelter Konstriktorknoten

Soll ein Knoten um einen Gegenstand mit großem Durchmesser gebunden werden, etwa um die Bucht einer Trosse, reicht ein Konstriktorknoten manchmal nicht aus. Dann ist sein großer Bruder, der doppelte Konstriktorknoten, gefragt.

Methode 1 (mit einem Ende)

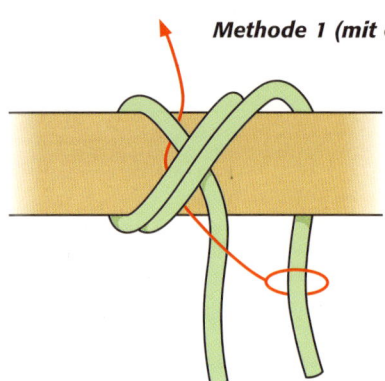

1 Mit dem losen Ende einen Törn um die Trosse (oder anderen Gegenstand) legen, dann zwei schräge Törns von SW nach NO über die stehende Part anschließen.

2 Das lose Ende über die stehende Part führen, dann unter den Törns durchführen. Durch Zug an beiden Enden dichtholen und knapp abschneiden.

Methode 2 (in einer Bucht)

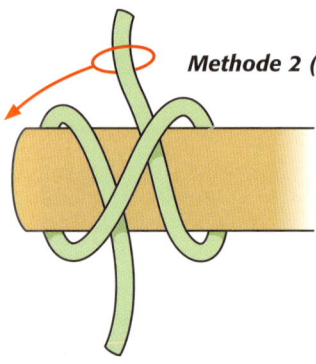

1 Zwei gegenläufige Törns legen, dann das lose Ende von rechts nach links über den Knoten führen.

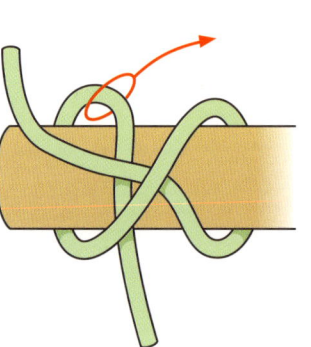

2 Im linken Törn eine Bucht hochziehen.

3 Die Bucht einmal drehen, schräg nach unten ziehen (von NO nach SW) und über das Ende des Rohrs stülpen.

4 Dichtholen und beide Enden knapp abschneiden.

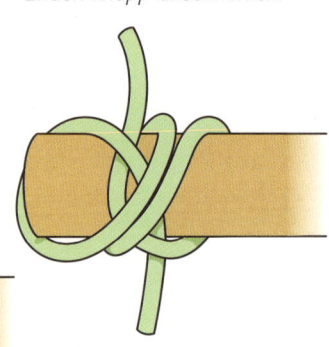

Einfacher Takling

Schnittenden von Naturfasertauwerk kann man nicht verschweißen, auch Tape und einfache Knoten sind nur provisorische Lösungen. Früher oder später muss ein Takling gearbeitet werden.

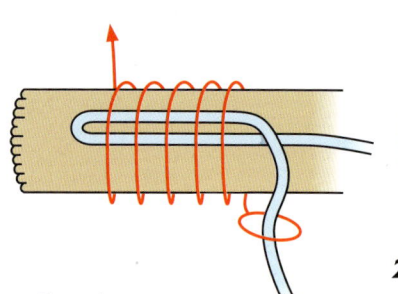

1 Ein langes Auge aus Garn nahe ans Ende des Seils legen.

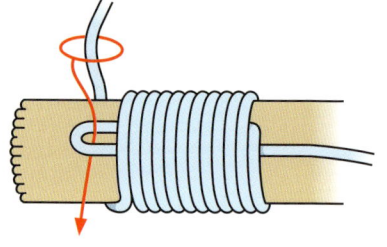

2 Das lose Ende in vielen engen Törns um das Seilende und das Auge winden, bis die Breite des Taklings mindestens dem Seildurchmesser entspricht.

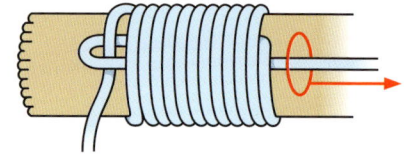

3 Den letzten Törn etwas loser legen als die vorherigen und das lose Ende von oben durch das letzte sichtbare Stück des Auges führen.

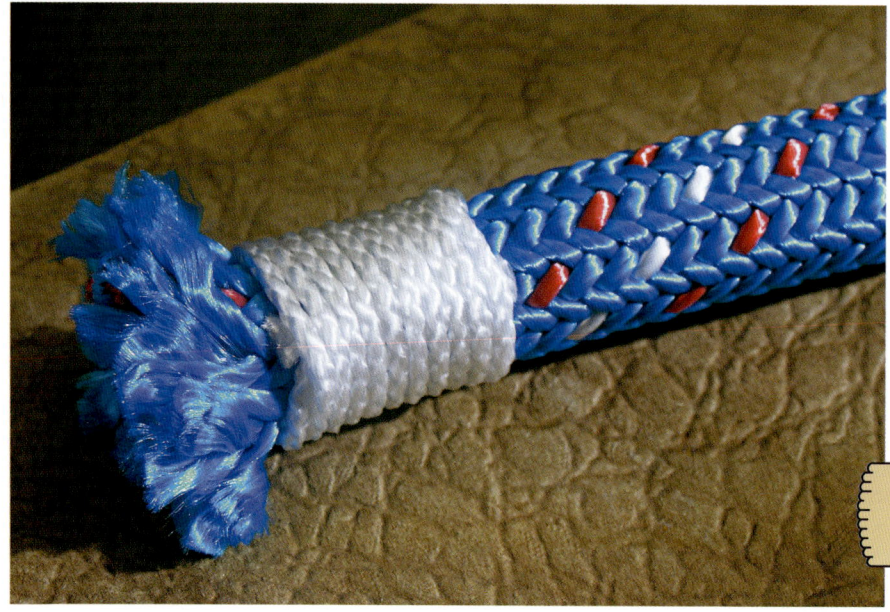

4 An der stehenden Part ziehen, sodass das Auge unter den Törns durch-gezogen wird und dabei das lose Ende ein Stück weit mitnimmt. Die Kreu-zung der beiden Enden sollte etwa in der Mitte unter den Törns liegen. Enden kurz abschneiden.

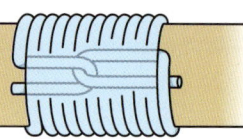

Ashley-Stopper

Wenn ein Achtknoten nicht füllig genug ist und ein Tauende durch den Block oder eine andere Führung rutscht, probieren Sie diesen dickeren Stopperknoten.

1 *Einen geslippten Überhandknoten in ein Ende knüpfen.*

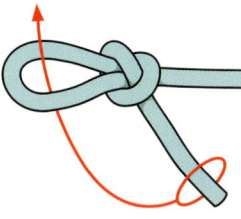

2 *Den Knoten dichtholen, dann das lose Ende durch das Auge führen.*

3 *Durch Zug an der stehenden Part das Auge dichtholen und das lose Ende darin festhalten, bis der Knoten seine flachbreite Form erhält.*

Ossel-Stek

Viele Knoten halten schlecht in flachen Gurtbändern. Dieser Knoten dagegen hält wie Sekundenkleber und eignet sich ebenfalls für rundes Tauwerk.

Expertentipp

Achten Sie darauf, dass der Teil, der um die stehende Part liegt, sich glatt wie ein Kragen anschmiegt.

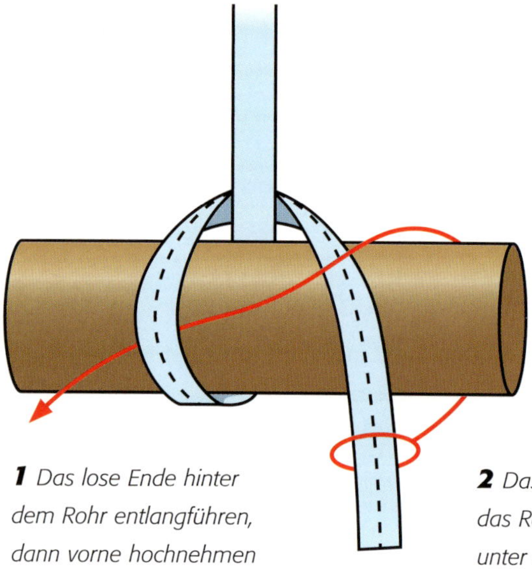

1 Das lose Ende hinter dem Rohr entlangführen, dann vorne hochnehmen und hinter der stehenden Part herumführen – in diesem Fall von links nach rechts.

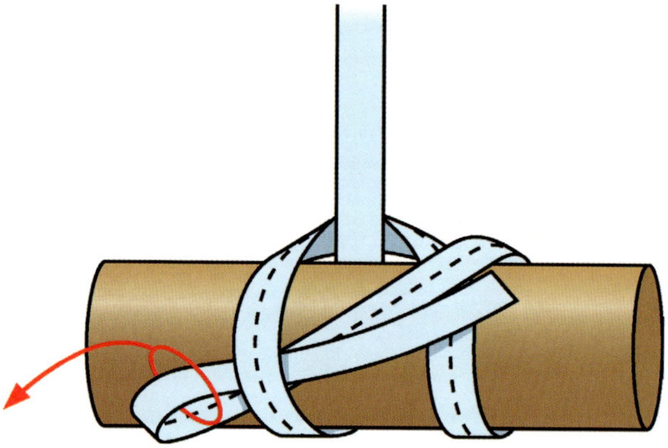

2 Das lose Ende von vorn nach hinten um das Rohr legen, eine Bucht formen und unter dem ersten linken Törn durchführen. Wird die Bucht nicht durchgezogen, handelt es sich um einen geslippten Ossel-Stek. Um ihn zu lösen, wird einfach am losen Ende gezogen.

3 Alternativ das lose Ende ganz unter dem ersten Törn durchziehen. So hält er fester, ist aber auch schwerer zu lösen.

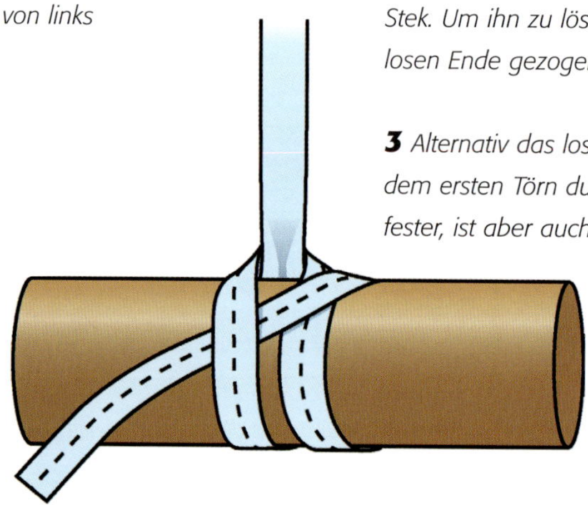

Knotenlatein

Fischer verwendeten mehrere dieser Knoten, um ein Schleppnetz mithilfe kurzer Leinen an den Schleppleinen zu befestigen. Diese Verwendung verrät, dass es ein sehr zuverlässiger Knoten ist.

Ballenstropp-Stek

Mit diesem Knoten kann man beispielsweise Regenfallrohre auf ein Dach ziehen, gefällte Bäume und dicke Äste über unebenes Gelände befördern oder Treibgut durchs Wasser ziehen. Mit dünnerer Schnur eignet er sich, um Werkzeuge auf ein Gerüst zu hieven.

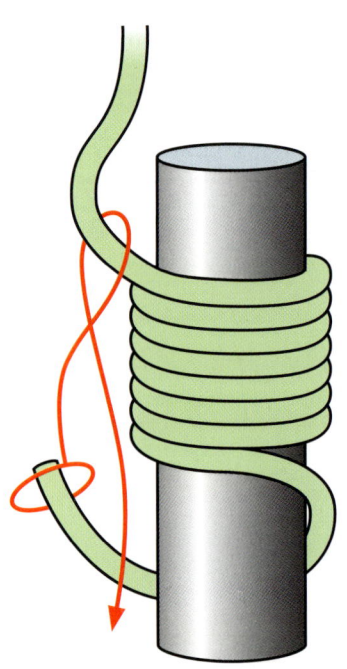

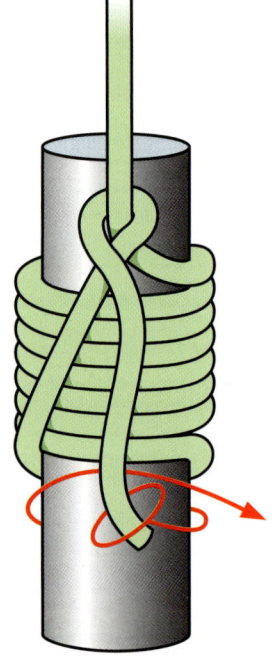

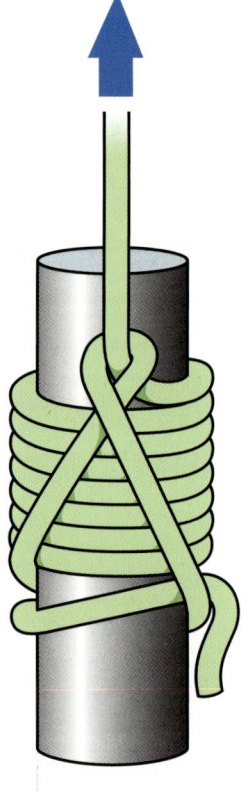

1 Das lose Ende von oben sechs- bis achtmal um den Gegenstand winden, der angehoben werden soll.

2 Das lose Ende schräg über die Törns nach oben (hier von SW nach NO) und von rechts hinter der stehenden Part entlangführen.

3 Mit dem losen Ende noch einen Törn unter den anderen legen; mit einem halben Schlag sichern.

Oben: Sicherheit und Gesundheit sind an exponierten Arbeitsplätzen lebenswichtig. Der Ballenstropp-Stek ist, sorgfältig gearbeitet, ein sinnvoller Beitrag zur Sicherheit.

Ashers Flaschenstropp

Mit diesem Knoten kann man auch schwerste Flaschen heben, aber ebenso auch Krüge und Kannen mit Flüssigkeiten aller Art (von Trinkwasser bis Batteriesäure). Er ist auch praktisch, um beim Picknick Getränkeflaschen in einen kühlen Bach zu hängen.

Expertentipp

Wie beim Ballenstropp-Stek (Seite 30) müssen alle Törns beim Knoten und noch einmal vor dem Belasten gut dichtgeholt werden.

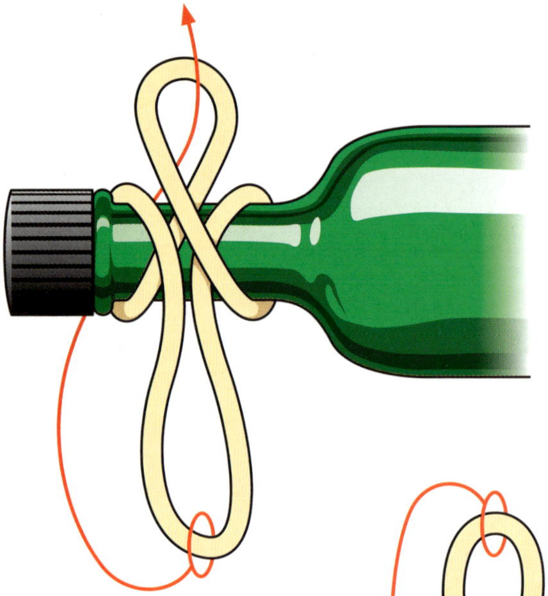

3 Die Arbeitsbucht hinter dem Flaschenhals nach unten ziehen und dichtholen. Vor dem Belasten noch einmal dichtholen.

Knotenlatein

Die alten Römer und Griechen kannten verschiedene Flaschen-, Kannen- und Krugknoten, die sie zum Transportieren ihrer Amphoren mit Wein und Ölen brauchten. Der verstorbene Dr. Harry Asher ist der Knotenforscher und Autor, der in den 1980er-Jahren diesen Knoten wiederentdeckte.

1 Ein verknotetes Endlosband oder eine Schlinge so um den Flaschenhals wickeln und drehen, dass zwei Buchten entstehen wie auf der Abbildung. Die obere Bucht wenden.

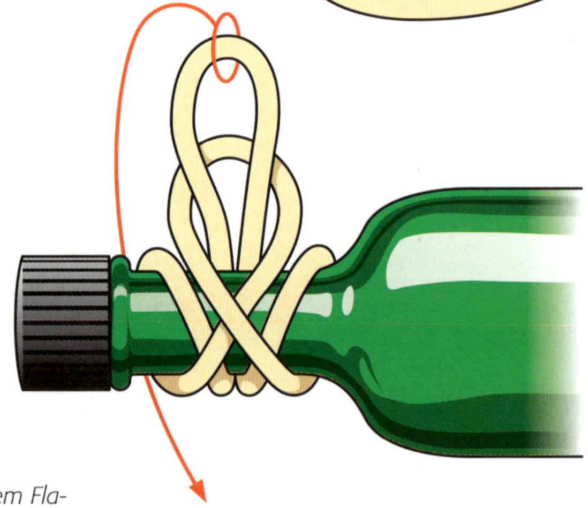

2 Die untere Bucht hinter dem Flaschenhals hochführen und durch die obere Bucht nach vorn ziehen.

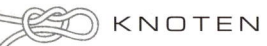

Anglerschlaufe

Wenn ein Palstek (Seite 60) rutschen könnte, beispielsweise in hart geschlagenem Synthetiktauwerk, empfiehlt sich diese sichere, feste Schlaufe. Sie hält sogar in Gummiband (etwa für Bungee-Springer) und eignet sich auch mit dünner Schnur zum Verschließen von Paketen.

Knotenlatein

Ehe die Nylonsehne erfunden wurde, verwendeten Angler Schnüre aus Rosshaar, Darm oder Seide, die fast immer mit diesem Knoten am Geschirr befestigt wurden. Der Knoten ist auch als *perfection loop* bekannt.

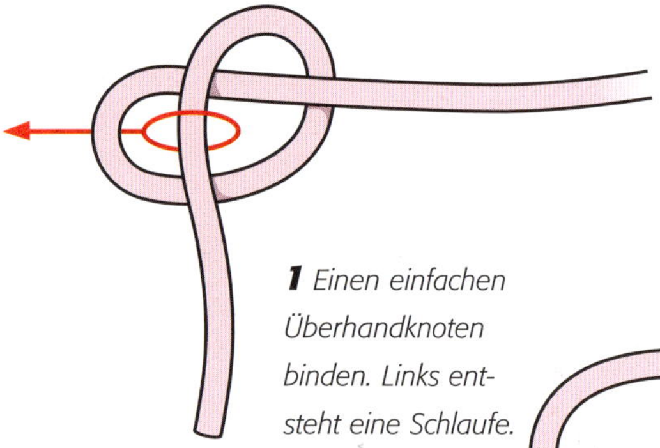

1 *Einen einfachen Überhandknoten binden. Links entsteht eine Schlaufe.*

2 *(Falls gewünscht, das lose Ende ganz durchziehen, durch einen Ring oder um ein Rohr legen und wieder durch den Knoten ziehen.) Das lose Ende hinter der stehenden Part nach oben führen und wie abgebildet durch den Knoten führen, sodass es von der Bucht bekniffen wird.*

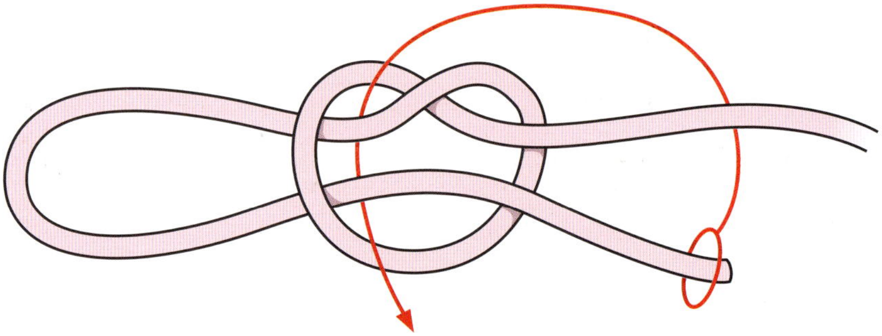

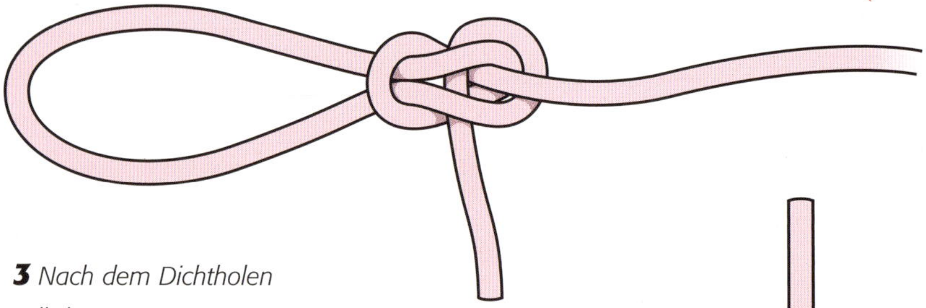

3 *Nach dem Dichtholen soll der Knoten von vorn so aussehen.*

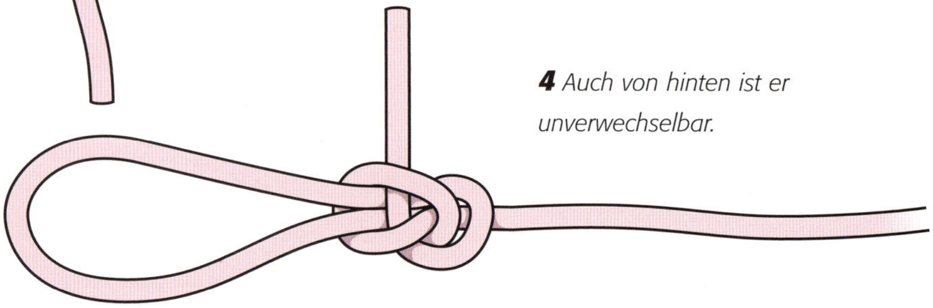

4 *Auch von hinten ist er unverwechselbar.*

Tarbuck-Knoten

Diese verstellbare Schlaufe eignet sich für Zeltleinen und Markisen, aber auch für einen Windschutz am Strand – also für Leinen, die von Zeit zu Zeit nachgespannt werden müssen.

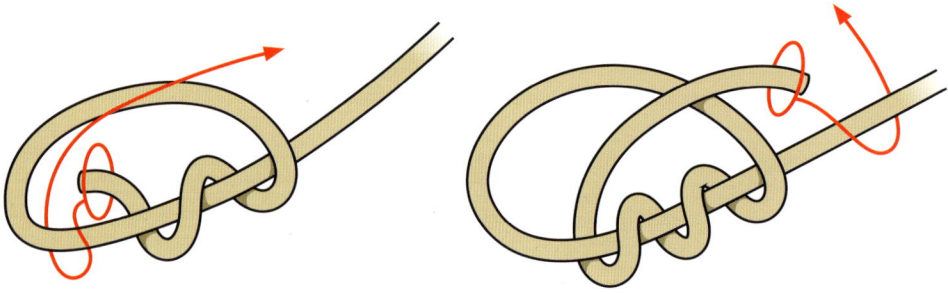

1 *Einen Überhandknoten binden, aber das lose Ende zweimal um die stehende Part winden.*

2 *Dann das lose Ende nach vorn holen und nach rechts führen, hinten um die stehende Part führen.*

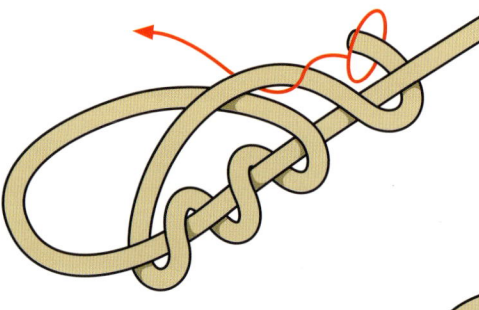

3 *Das lose Ende von unten durch die soeben entstandene Bucht führen.*

4 *Alle Törns und den Befestigungsschlag am Ende gut dichtholen, ehe der Knoten unter Last gesetzt wird.*

Doppelschlaufe

Dieses eigentümliche Gebilde mit zwei festen Schlaufen hat keine traditionelle Funktion, eignet sich aber für viele Zwecke: zum Einfangen eines ausgerissenen Tieres, zum Anheben des PC zum Transport in die Werkstatt, als improvisiertes Zaumzeug und dergleichen mehr.

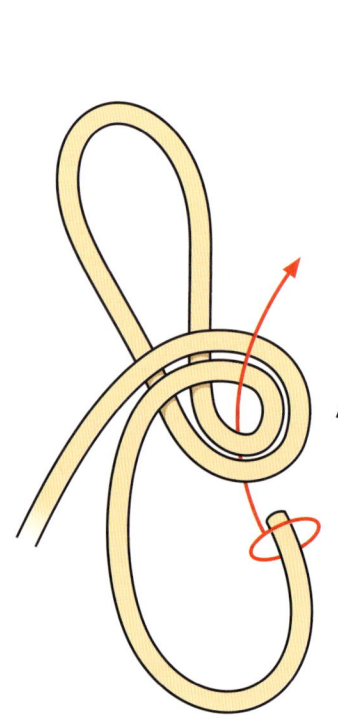

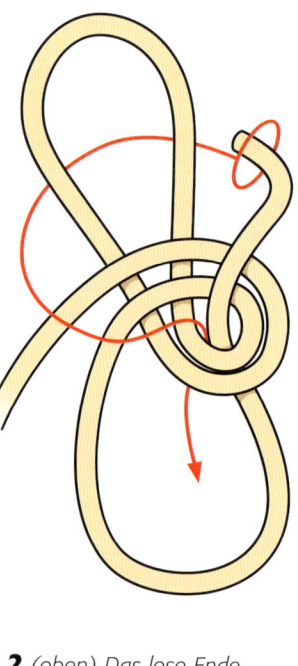

3 *(unten) Die beiden Schlaufen auf die gewünschte Größe bringen.*

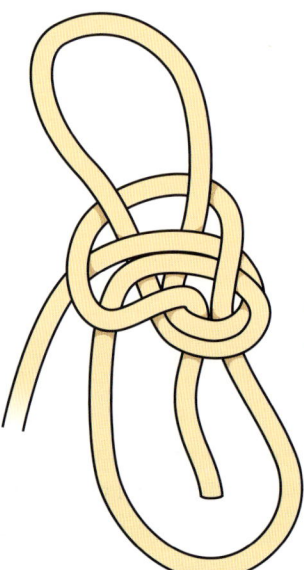

1 *In ein Tauende eine schmale Bucht legen und einen kleinen, doppelten Überhandknoten knüpfen, sodass unten noch eine größere Bucht entsteht.*

2 *(oben) Das lose Ende hinter der oberen einfachen Bucht entlangführen, dann nach vorn holen und durch den doppelten Überhandknoten ziehen.*

4 *Den Knoten dichtholen und die Enden bei Bedarf abschneiden.*

Lange Trompete

D ieser vielseitige Knoten ist leider nicht sehr verbreitet. Er eignet sich zum Verkürzen eines Seils, ohne es abzuschneiden, kann aber auch ein geschwächtes Stück vorübergehend überbrücken, bis es ersetzt wird. Mit einer halben Trompete können Glockentaue ordentlich im Kirchturm aufgehängt werden, wenn sie nicht benutzt werden. Fuhrleute verwendeten ihn früher, um ihre Ladung sicher festzuzurren, darum wird er mancherorts auch Fuhrmannsknoten genannt.

Knotenlatein

Böse Zungen behaupten, dieser Knoten werde in Großbritannien verwendet, um grasenden Schafen die Beine zu fesseln, damit sie nicht davonlaufen können. Dort wird das allerdings bestritten.

beschädigte Stelle

1 Drei Törns legen. Das dabei entstehende mittlere Auge sollte größer als die beiden äußeren sein.

2 Die linke Seite des mittleren Auges von oben nach unten durch den linken Törn ziehen (siehe links). Die rechte Seite des mittleren Auges von unten nach oben durch den rechten Törn holen.

3 Zum Fixieren die losen Enden durch die außen entstandenen Buchten ziehen. Alternativ das lose Ende oder die stehende Part als Bucht durch die vorhandene Bucht holen und ein Stück Holz, einen Schraubendreher oder einen anderen stabilen Gegenstand darunter schieben.

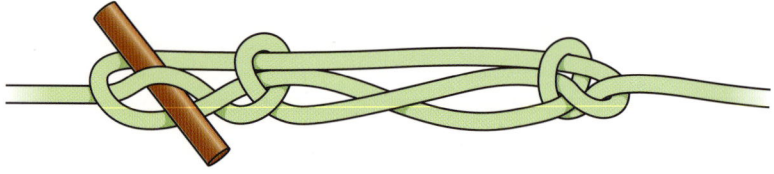

Chinesischer Kreuzknoten

Dieser Knoten verbindet zwei Enden. Er eignet sich gut als Zierknoten, etwa am Bändchen der Stoppuhr eines Trainers, der Pfeife eines Schiedsrichters oder einem Glücksbringer. Auch als Schalknoten im Blusen- oder v-förmigen Pulloverausschnitt sieht er hübsch aus.

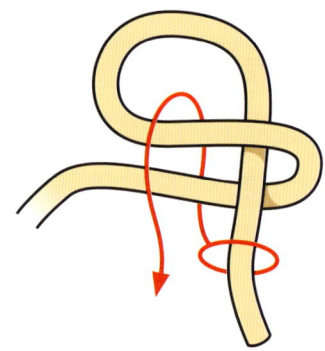

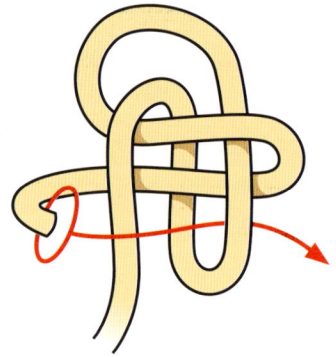

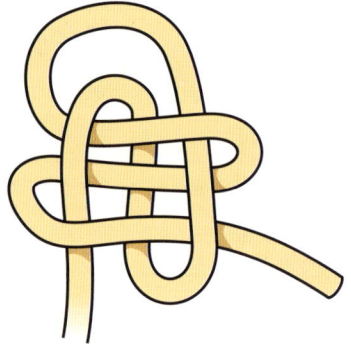

1 Den Schal um den Hals legen, dann ein Ende als Bucht um das andere legen. Das zweite Ende hinter der kompletten ersten Bucht hochschieben, nach vorn holen und runterhängen lassen.

2 Nun wieder das erste Ende über das zweite und dann durch die untere Bucht führen.

3 Den Knoten dichtholen.

4 (links) Von vorn entsteht eine regelmäßige Vierteilung.

5 (rechts) Von hinten ist er ähnlich unverkennbar, aber weniger dekorativ.

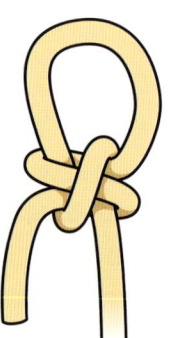

> ### Knotenlatein
>
> Ein einfaches Kreuz steht in China für die „Zehn". Was man im Westen als dekorative Vorderseite betrachtet, ist in China die Rückseite. Darum heißt der Knoten in Asien auch nur Kreuzknoten.

Flechtknoten

Dieser hübsche Knoten ist eine interessante Dekoration für einen Zug-Lichtschalter. Er eignet sich als Raffhalter für einen Vorhang oder als improvisierter Ersatz für einen gerissenen Koffergriff – oder einfach als Verkürzung eines zu langen Seils.

Expertentipp

Dieser Knoten gelingt selten auf Anhieb gleichmäßig. Darum holt man ihn anschließend von einem Ende aus Stück für Stück, manchmal in zwei oder drei Durchgängen, dicht. Dabei entsteht eine Bucht, die immer größer wird.

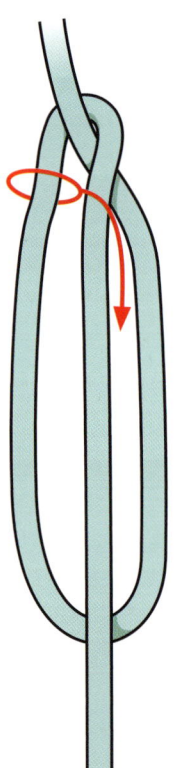

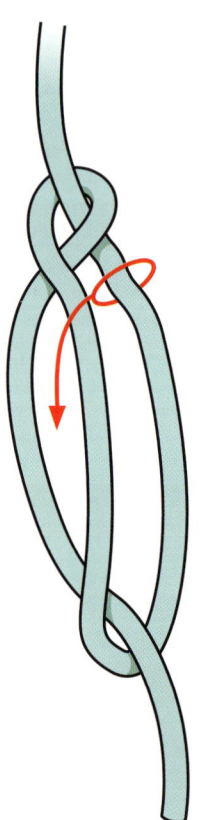

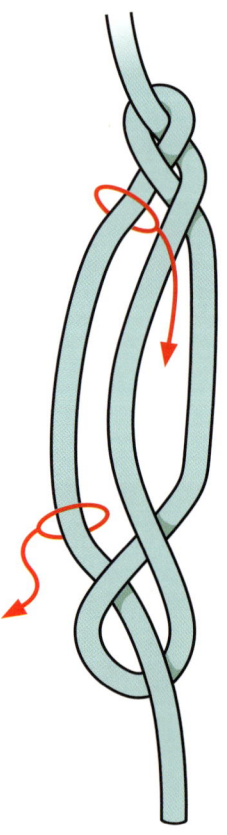

1 Ein langes Auge formen, sodass drei Parten nebeneinander liegen.

2 Die drei Teile flechten: abwechselnd von links und rechts über die Mitte.

3 Zwischendurch die Parten unter dem wachsenden Zopf glätten und ordnen.

4 Das lose Ende durch das letzte Auge ziehen.

KNOTEN AUF SEE

Wagen Sie sich nie ohne verschiedenartiges Tauwerk aufs Wasser. Man möchte meinen, dass Rigg und Cockpit moderner Boote keine Knoten mehr erfordern, doch kaum hat man abgelegt, kommt der Moment, in dem schnelles und sicheres Knoten der Bequemlichkeit oder Sicherheit dient. Dabei spielt es keine Rolle, ob man auf einem Regattasegler oder einer alten Jolle, einer Motorjacht, einem Kutter, einem Kanu, einem Surfbrett oder einem Jet-Ski auf See unterwegs ist. Besonders häufig tritt dieser Fall übrigens bei extremer Ebbe ein.

Seefahrerknoten müssen stabil und sicher sein, sich aber im Notfall sehr schnell lösen lassen. Die Knoten im folgenden Kapitel erfüllen diese Anforderungen.

Achtknoten

Jedes Seil, das durch ein Auge oder einen Block gerührt wird – die meisten Schoten und einige Fallen – sollten am Ende mit einem Stopperknoten versehen sein, damit sie nicht versehentlich herausrauschen. Dieser Knoten ist für den Zweck perfekt geeignet.

Expertentipp

Wenn der Achtknoten zu klein ist, um das Ausrauschen zu verhindern, empfiehlt sich der Ashley-Stopper (Seite 27) als dickere Alternative.

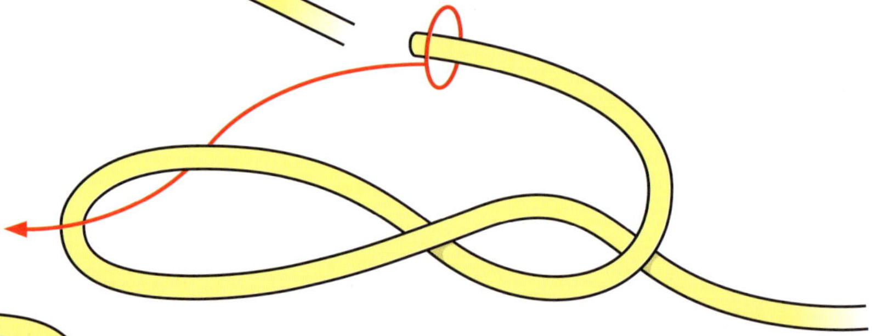

2 Das lose Ende von hinten durch das entstandene Auge führen.

1 Eine Bucht in das Ende legen und überkreuzen und nochmals eine halbe Drehung in der gleichen Richtung ausführen.

3 Den Knoten festhalten und durch Zug an der stehenden Part dichtholen. Dabei stellt sich das lose Ende ungefähr in den rechten Winkel zur stehenden Part.

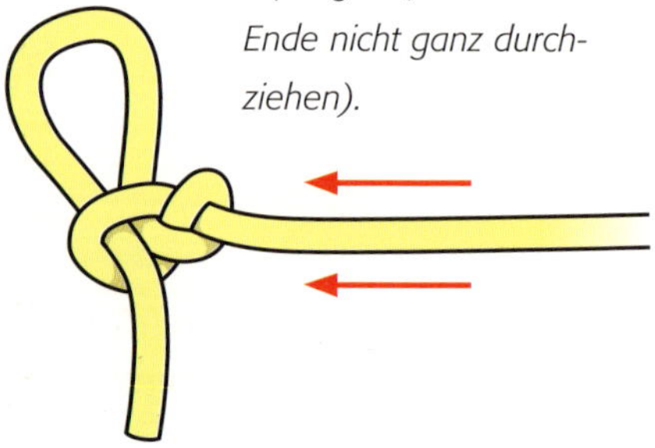

5 Wird er nur für einen kurzen Moment benötigt, kann man ihn auch auf Slip legen (= das lose Ende nicht ganz durchziehen).

Knotenlatein

In manchen Gegenden nennt man den Achtknoten auch Flämischen Knoten.

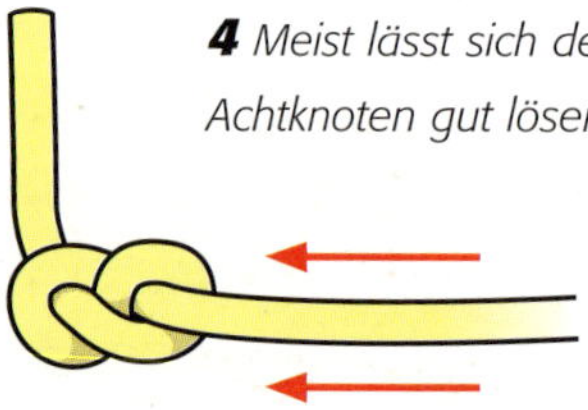

4 Meist lässt sich der Achtknoten gut lösen.

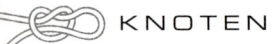

Rundtörn mit zwei halben Schlägen

__Unten:__ Boote werden nicht einfach geparkt, man muss sie mit Vorder- und Achterleinen festmachen. Manchmal ist zusätzlich eine Spring erforderlich.

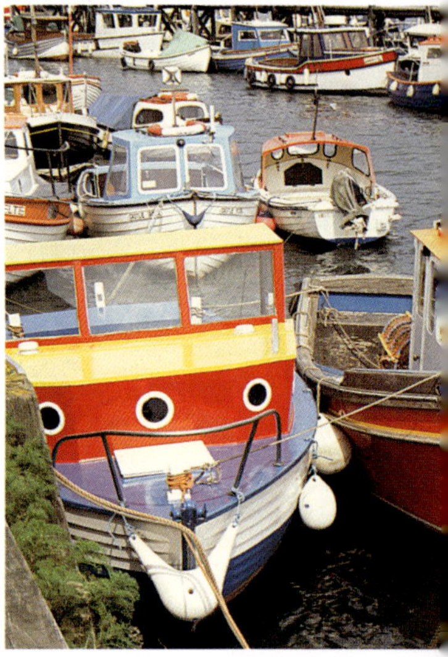

Mit diesem Universalknoten lässt sich Tauwerk an Ringen, Pollern, Stangen oder anderem Tauwerk befestigen. Er verträgt gleichförmigen und unregelmäßigen Zug aus verschiedenen Richtungen und wird für Festmacher und Ankerleinen verwendet, zum Anbinden von Sorgeleinen an einem festen Punkt, zum Überbordhängen von Fendern oder zum Vertäuen eines Beiboots.

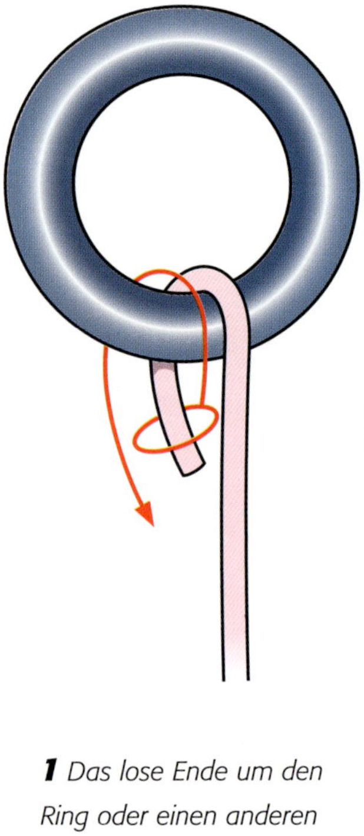

1 *Das lose Ende um den Ring oder einen anderen Fixpunkt führen und einen Törn legen.*

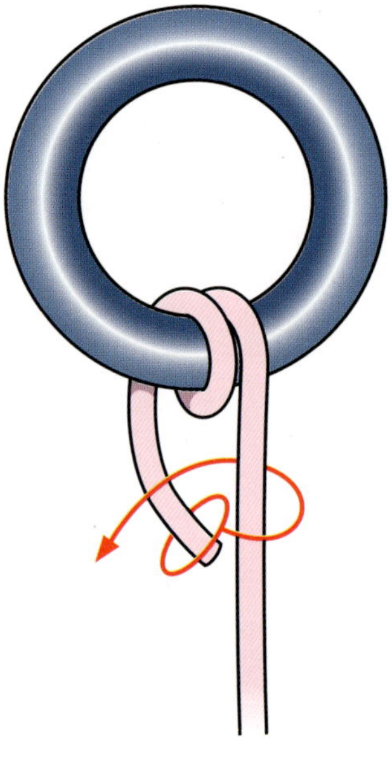

2 *Einen halben Schlag um die stehende Part legen.*

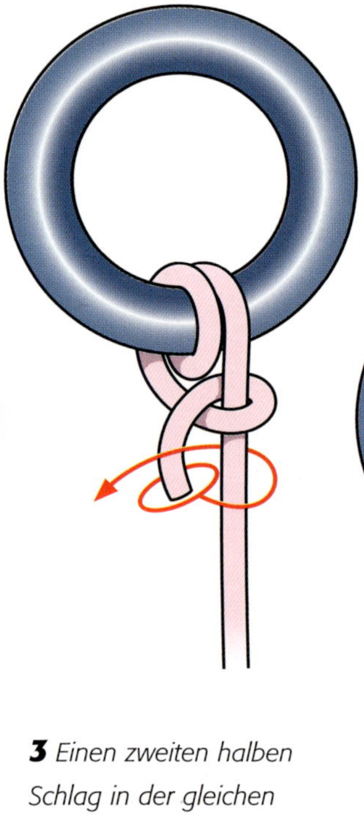

3 *Einen zweiten halben Schlag in der gleichen Richtung knoten …*

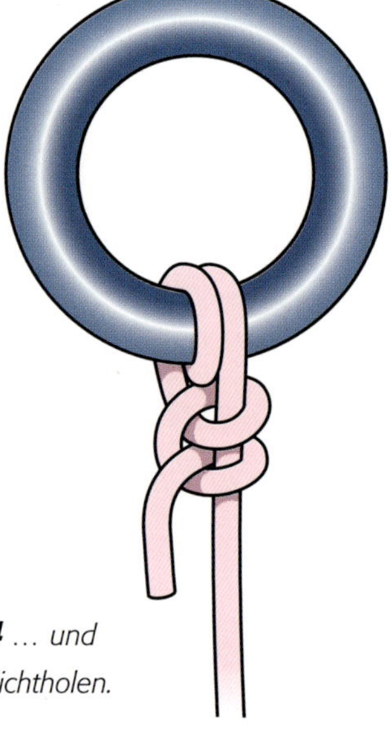

4 *… und dichtholen.*

Roringstek

Wenn der Rundtörn mit zwei halben Schlägen (Seite 50) feucht und rutschig oder aus anderen Gründen nicht zuverlässig genug ist, empfiehlt sich diese sichere Variante.

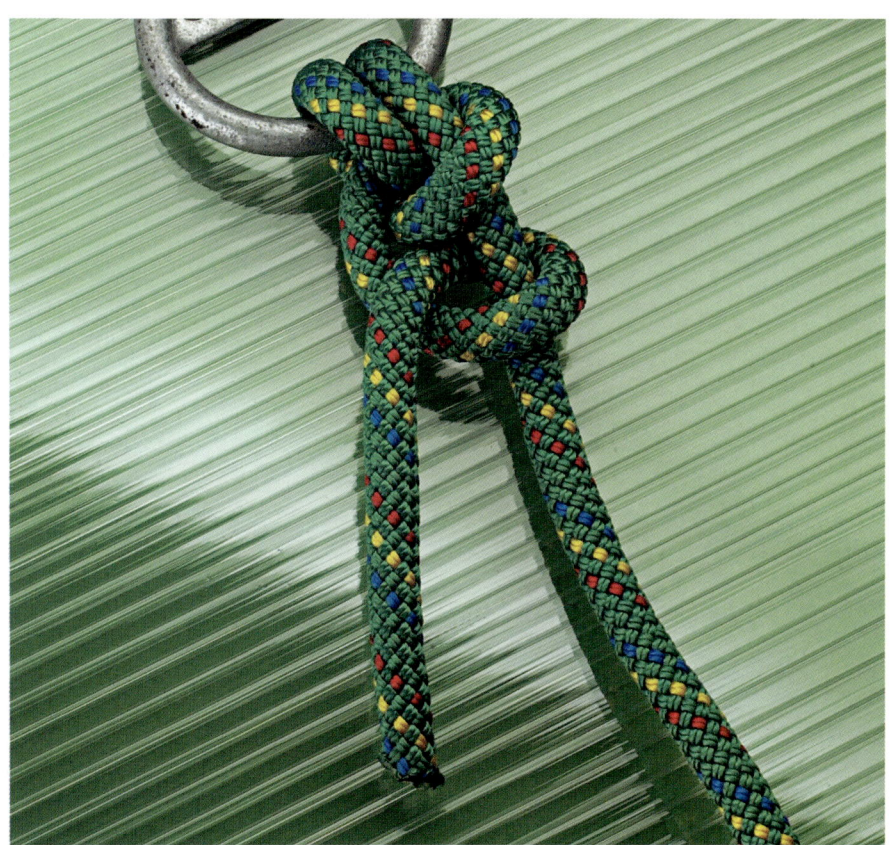

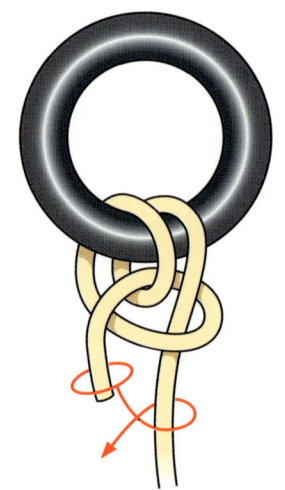

1 Mit dem losen Ende einen Törn um den Ring legen, dann einen halben Schlag ausführen, aber dabei das lose Ende unter dem Törn durchschieben.

Knotenlatein

Traditionell verwendete man den Roringstek zum Anbinden von Leinen an kleinen Wurfankern, wie sie auf Fischerbooten häufig zu finden waren. Daher rührt auch sein zweiter Name Fischerstek.

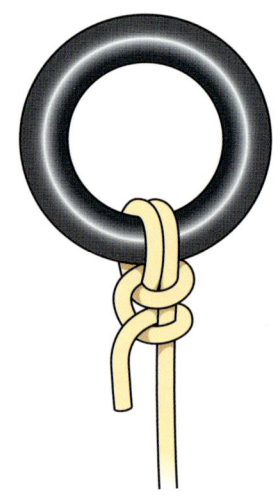

2 Einen zweiten halben Schlag in gleicher Richtung ausführen und dichtholen.

Achtknoten an einem Auge

Dies ist der einfachste Knoten, um ein Ende an einem geknoteten, getakelten oder gespleißten Auge zu befestigen.

2 Dann das lose Ende zurück durch das eigene Auge schieben, sodass ein Achtknoten entsteht.

1 Das lose Ende von unten nach oben durch das Auge ziehen. Das lose Ende hinter dem Auge entlangführen und auf der Vorderseite unter der stehenden Part durchziehen.

3 Dichtholen.

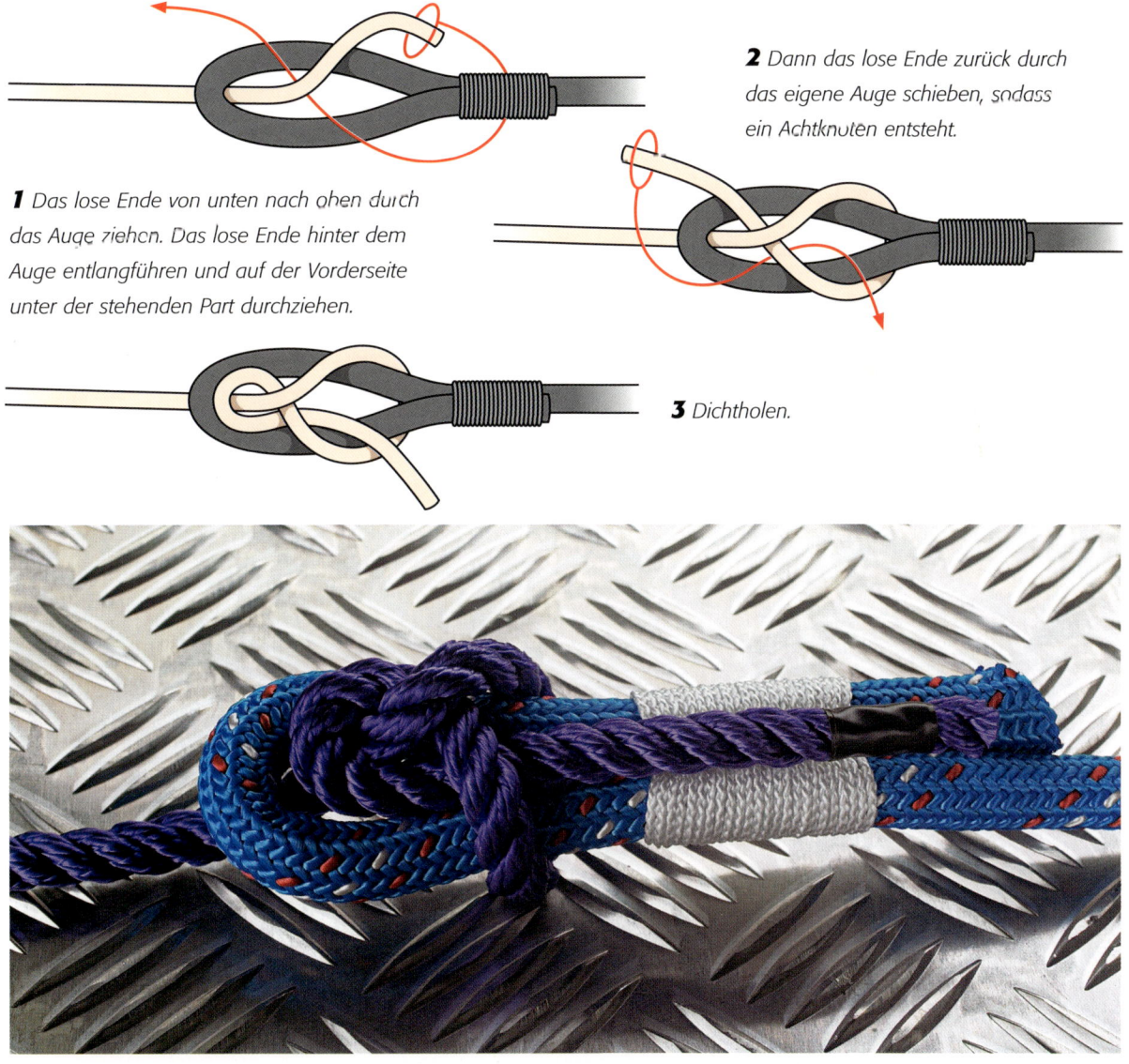

Ossel-Knoten

Im Gegensatz zum Ossel-Stek (Seite 28) eignet sich dieser Knoten nicht für Gurtware. In rundem Tauwerk ist er jedoch stabiler und haltbarer als sein Namensvetter. Zudem verträgt er Belastung aus verschiedenen Richtungen.

Knotenlatein

Wie der Ossel-Stek wurde auch dieser Knoten in der Hochseefischerei zum Befestigen von Netzen an den Schleppleinen verwendet, jedoch näher an der Oberfläche, wo das Wasser unruhiger ist. Es spricht für die Verlässlichkeit dieses Knotens, dass er sich dort bewährt hat.

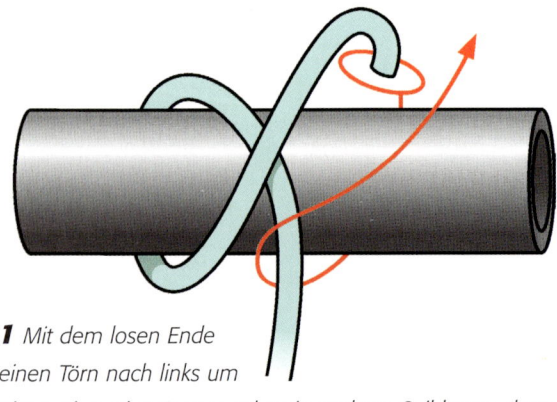

1 *Mit dem losen Ende einen Törn nach links um einen Ring, eine Stange oder ein anderes Seil legen, dann diagonal von SW nach NO führen. Noch einen Törn legen, dabei das lose Ende links um die stehende Part herum- und wieder von SW nach NO führen.*

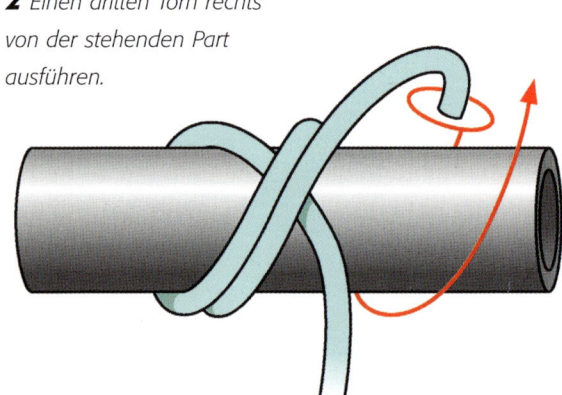

2 *Einen dritten Törn rechts von der stehenden Part ausführen.*

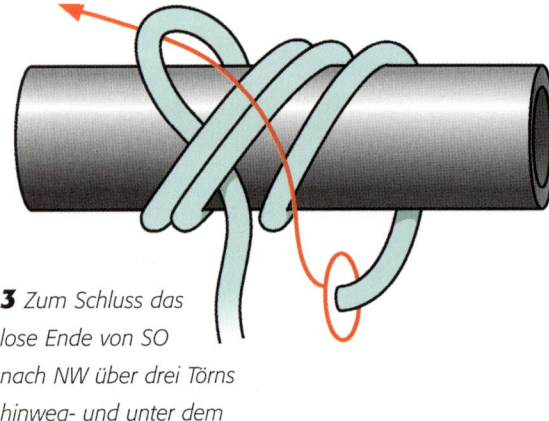

3 *Zum Schluss das lose Ende von SO nach NW über drei Törns hinweg- und unter dem ganz linken durchführen.*

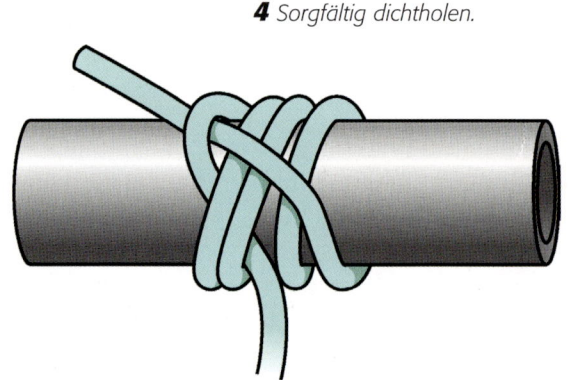

4 *Sorgfältig dichtholen.*

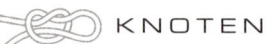

Spierenstich

Diesen schnell zu lösenden Knoten kann man mit Tauwerk und Gurtware binden. Er ist stabil, sicher und sieht gut aus.

Expertentipp

Merken Sie sich für diesen Knoten: „drüber – drüber – drüber – drüber – und dichtholen".

Knotenlatein

Als das Großsegel meiner Jolle sich einmal vom Baum losriss, habe ich es mit einem Taljereep und diesem Knoten wieder festgebunden. So konnte ich gegen Wind und Strömung zurück in den Hafen kreuzen. Ich ließ den Knoten am Segel, und er hielt bis zum Ende der Saison.

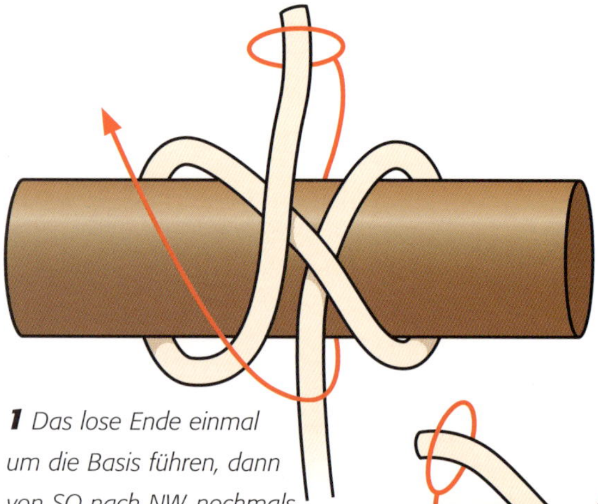

1 *Das lose Ende einmal um die Basis führen, dann von SO nach NW, nochmals um die Basis und diagonal von SW nach NO. Das lose Ende nach hinten führen, zwischen rechtem Törn und stehender Part hochholen, und wieder von SO nach NW führen.*

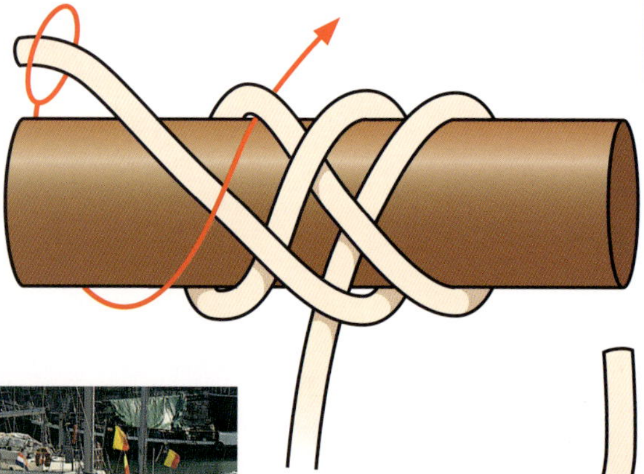

2 *Und noch ein Törn ganz links legen, das Ende von SO nach NW hochführen und unter dem zweiten Törn von links durchschieben.*

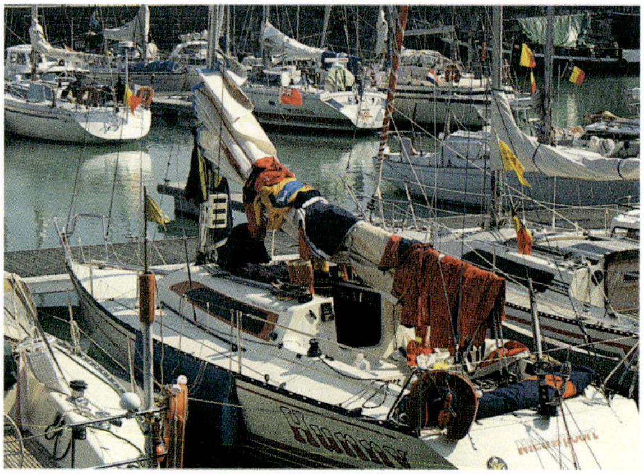

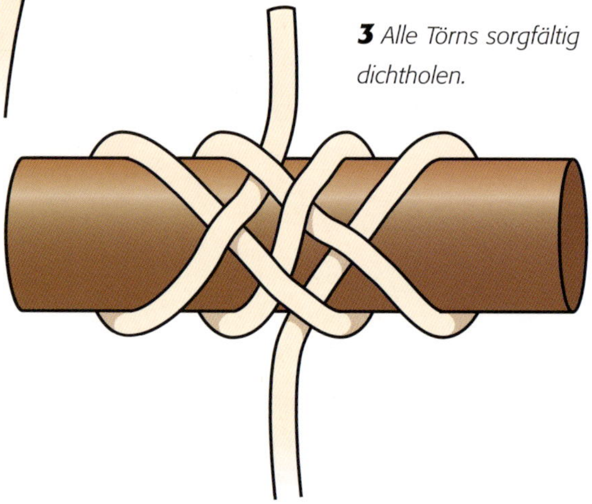

3 *Alle Törns sorgfältig dichtholen.*

57

Muringstek

Mehrere dieser Knoten könnte man verwenden, um ein Absperrseil an Pfosten zu befestigen. Auf dem Wasser eignet er sich, um ein kleines Boot vorübergehend im Hafen oder an einem Fluss- oder Kanalufer festzumachen. Praktisch ist er auch, um T-Griffe zu improvisieren, mit denen man einfache und doppelte Konstriktorknoten (Seite 22–25) besser dichtholen kann als ausschließlich von Hand.

1 Das Ende zur Bucht legen (oder eine lange Schlaufe knoten) und diese um den Poller legen, von unten hochführen und über den Kopf des Pollers legen.

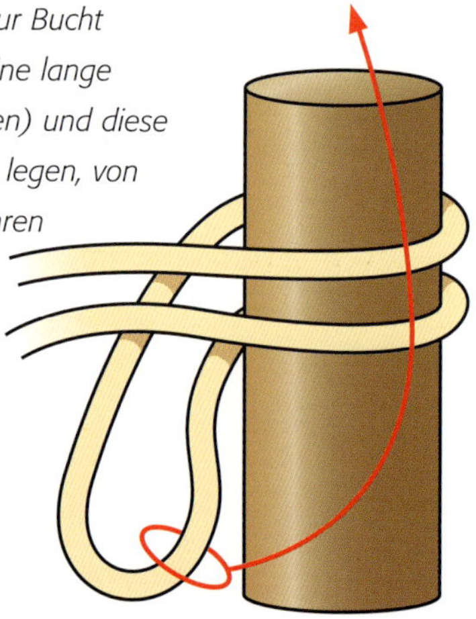

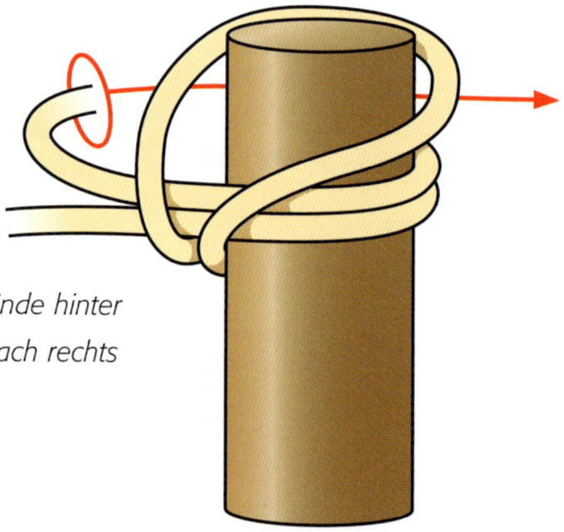

2 Das lose Ende hinter dem Poller nach rechts führen.

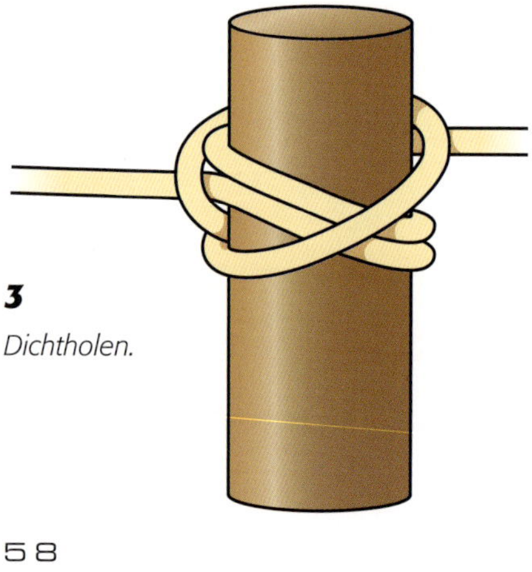

3

Dichtholen.

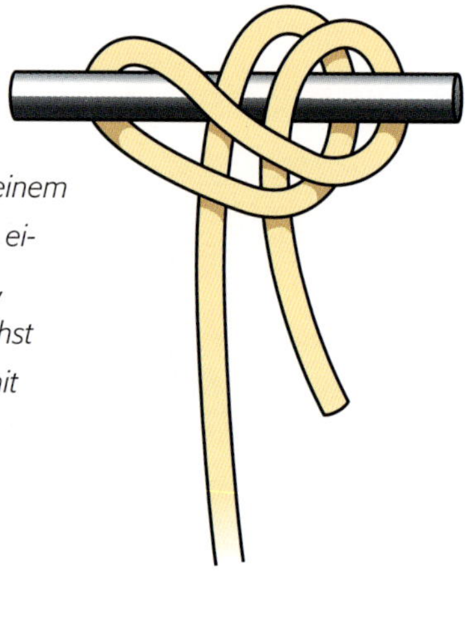

4 Wenn dieser Knoten an einem Knebel gebunden wird, um einen T-Griff zu improvisieren, sollte das lose Ende möglichst lang gelassen werden, damit der Knoten zuverlässig hält.

Palstek

Kein Knoten ist unter Seefahrern so bekannt wie dieser. Man verwendet ihn zum Verbinden zweier Seile, aber auch zum Knoten fester Augen, die beim Festmachen über einen Poller oder Dalben gelegt werden. Gerade für Festmacher ist er beliebt, weil man das Auge nicht jedes Mal neu knoten muss.

2 *Mit der linken Hand die Schlaufe formen und das lose Ende von unten durch den kleineren Törn schieben.*

3 *(rechts) Das lose Ende hinter der stehenden Part entlanglegen und von oben durch den kleineren Törn nach unten führen.*

1 *Einen Überhandtörn legen und mit der rechten Hand festhalten. Das lose Ende (links) so lang lassen, wie die Schlaufe groß werden soll.*

4 *Die große Schlaufe auf die gewünschte Größe ziehen. Das lose Ende soll ungefähr so lang wie die große Schlaufe sein.*

5 *Den Knoten dichtholen.*

Zweistrang-Bändselknoten

Dieser Knoten ist optimal, um eine Schlaufe zu knüpfen, die sich fest um einen Gegenstand ziehen soll. Man verwendet ihn auch zum Einknoten von Kauschen aus Metall oder Kunststoff.

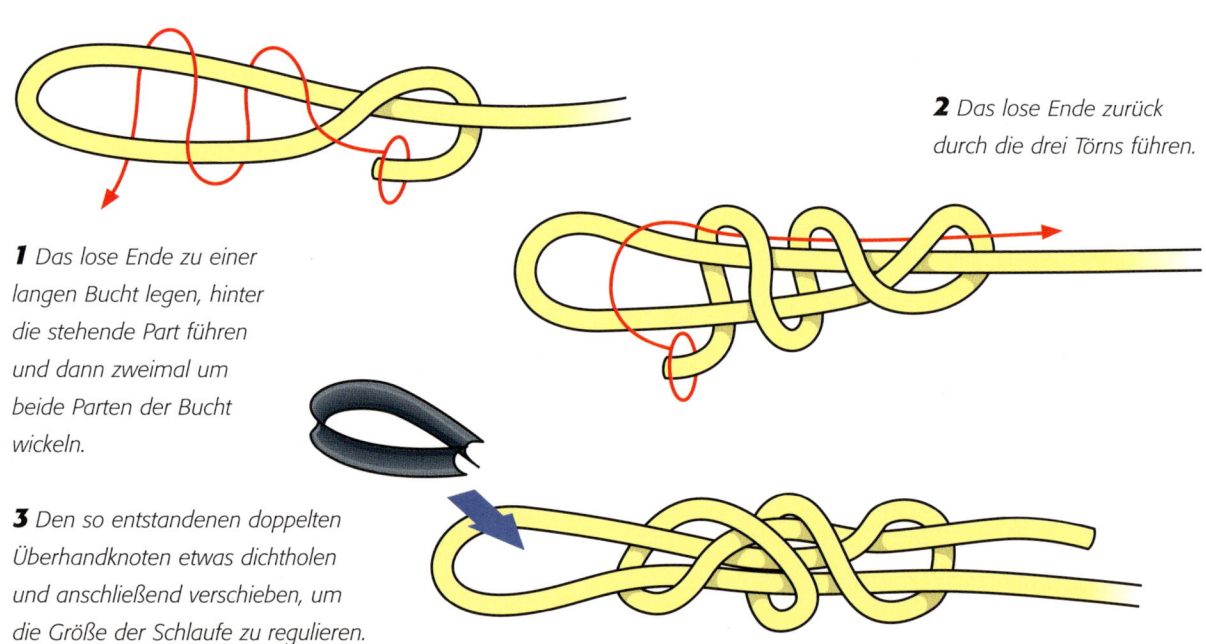

1 Das lose Ende zu einer langen Bucht legen, hinter die stehende Part führen und dann zweimal um beide Parten der Bucht wickeln.

2 Das lose Ende zurück durch die drei Törns führen.

3 Den so entstandenen doppelten Überhandknoten etwas dichtholen und anschließend verschieben, um die Größe der Schlaufe zu regulieren.

Expertentipp

Traditionell wurden Augen in geschlagenem Tauwerk gespleißt. Spleiße haben aber den Nachteil, dass sie sich mit der Zeit recken, sodass Kauschen sich lockern. Außerdem können sich die langen Spleiße in Blöcken verklemmen. Dieser Knoten jedoch, der sich auch für geflochtenes Tauwerk eignet, zieht sich unter Last zu und hält die Kausche sicher fest. Zudem besteht kaum Gefahr, dass er sich verklemmt.

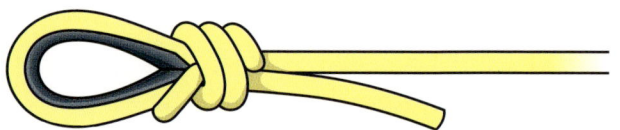

4 Nach Wunsch eine Kausche einlegen und darauf achten, dass die beiden Spitzen beim Dichtholen im Knoten verschwinden.

Trossenstek

Expertentipp
Die kurzen Enden sollen zu entgegengesetzten Seiten aus dem Knoten ragen. Altem Seemannsglauben zufolge ist er dann haltbarer.

Dies ist ein Knoten zum Verbinden von Trossen und anderem dickem, wenig geschmeidigem Tauwerk. Er bildet auch die Grundlage für den Taljereepsknoten (Seite 68) und den Türkenbund (Seite 70).

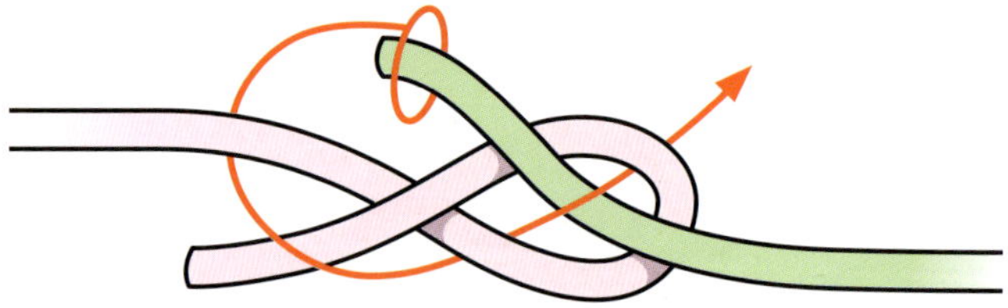

1 *Ins lose Ende eines Seils einen Überhandtörn drehen. Das zweite lose Ende darauf legen und führen: drunter – drüber – drunter – drüber – drunter.*

2 *Die losen Enden zeigen noch in die Richtung „aus der sie gekommen sind".*

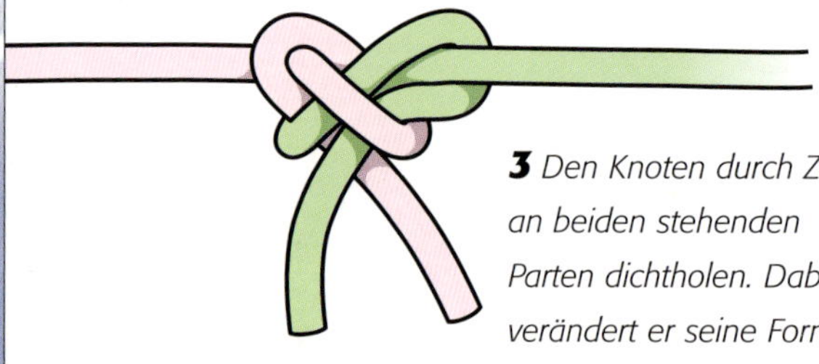

3 *Den Knoten durch Zug an beiden stehenden Parten dichtholen. Dabei verändert er seine Form stark, wird aber wesentlich stabiler.*

Knotenlatein
Auf Rahseglern verwendete man diesen Knoten zum Verbinden von Tauwerk, das unter Zug um Winden oder Spills laufen musste.

Zeppelinknoten

Dieser Knoten verbindet Tauenden gleicher Art und Stärke, verkraftet aber durchaus gewisse Abweichungen. Er ist sehr stabil und eignet sich daher für Festmacher, Schlepptrossen und anderes stark belastetes Tauwerk. Er hält aber auch in dünneren Leinen.

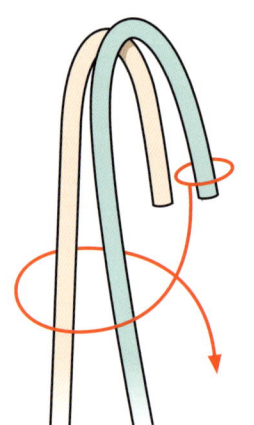

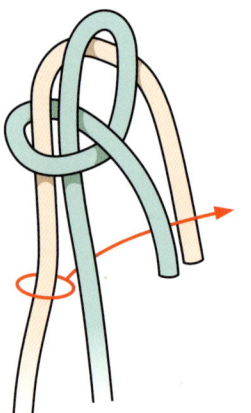

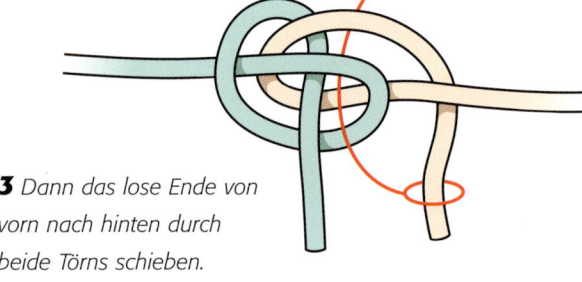

3 Dann das lose Ende von vorn nach hinten durch beide Törns schieben.

1 Beide Enden in eine Hand nehmen. Mit dem rechten losen Ende einen halben Schlag um beide stehenden Parten knüpfen.

2 Die hintere stehende Part vor das lose Ende des gleichen Seils holen.

Knotenlatein

Die US-Marine verwendete diesen Knoten in den 1930er-Jahren zum Festbinden von Luftschiffen, die leichter als Luft waren. Eines von ihnen war die riesige, lenkbare *Los Angeles*, nach deren Kommandanten man den Knoten zunächst „Rosendahl bend" nannte. Der Name „Zeppelinknoten" tauchte erstmals 1976 in einem Artikel von Lee und Bob Payne in der Zeitschrift *Boating* auf.

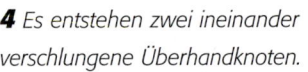

4 Es entstehen zwei ineinander verschlungene Überhandknoten.

5 Den Knoten gut dichtholen.

Taljereepsknoten

Dieser haltbare und sehr dekorative Knoten bietet sich als Alternative zum Chinesischen Kreuzknoten (Seite 42) an, um ein Takelmesser oder anderes Werkzeug an einem Taljereep zu befestigen.

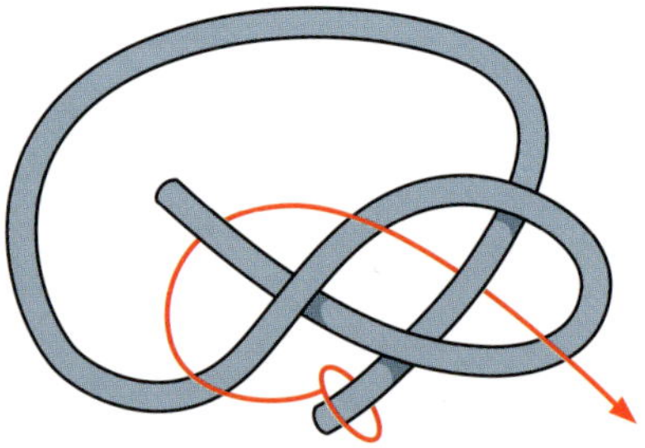

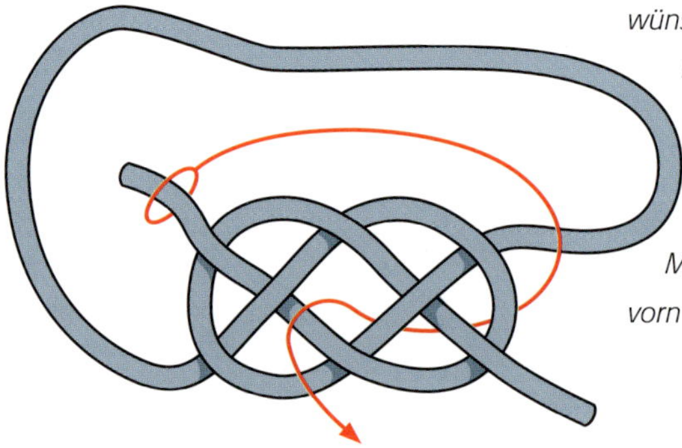

2 Die Schlaufe in die gewünschte Größe ziehen. Das lose Ende über die stehende Part nach hinten führen und genau durch die Mitte des Knotens nach vorn holen.

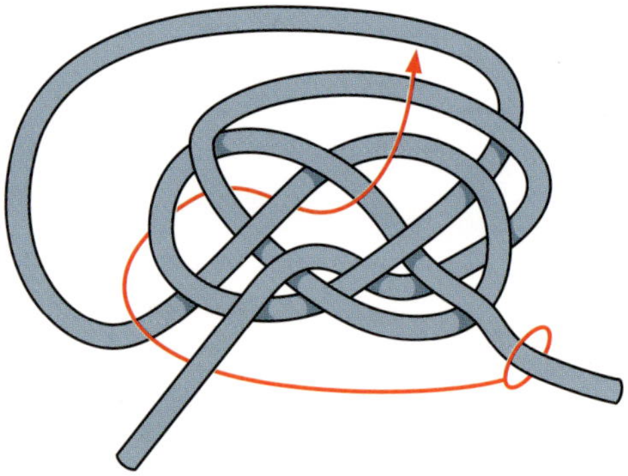

1 Zuerst einen Trossenstek knüpfen (Seite 64), aber nicht dichtholen.

4 Die Schlaufe vorsichtig wegziehen, gleichzeitig beide lose Enden dichtholen, sodass sich die Windungen des Knotens zu einem dreidimensionalen „Vogelnest" legen.

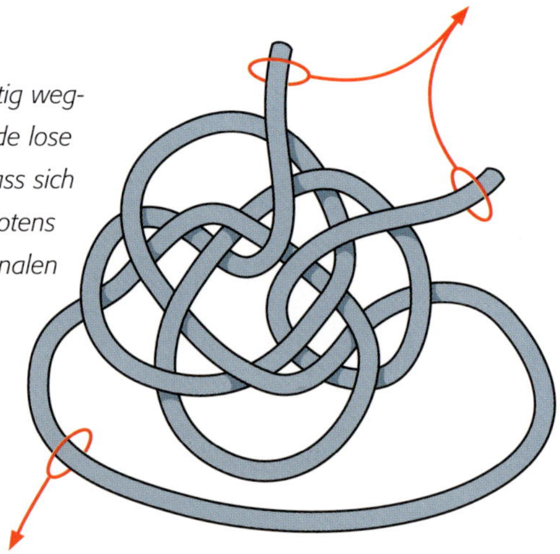

3 Den Vorgang mit dem anderen losen Ende spiegelverkehrt wiederholen: links über die stehende Part nach hinten und durch die Mitte nach vorn führen.

5 Stück für Stück dichtholen.

Türkenbund

(mit drei Führungen und fünf Buchten)

In seiner flachen Form eignet sich dieser Knoten als dekorative Matte, die beispielsweise ein Holzdeck vor Schäden durch einen beweglichen Block schützt. Als Ring um Pinne oder Speichen des Ruders geknotet, gibt er den Händen besseren Halt. Als maritimes Armband macht er sich auch recht gut.

2 Ein loses Ende mit webenden Bewegungen (siehe Abbildung) durch den Knoten führen, dabei in offenen, gleichmäßig verteilten Buchten liegen lassen. Parallel zur ersten Führung enden. Es entstehen fünf Buchten.

3 Mit beiden Enden diese Webebewegungen wiederholen, um einen Knoten mit (zwei oder) drei Führungen zu erhalten. Zum Schluss die Enden auf der Rückseite fixieren.

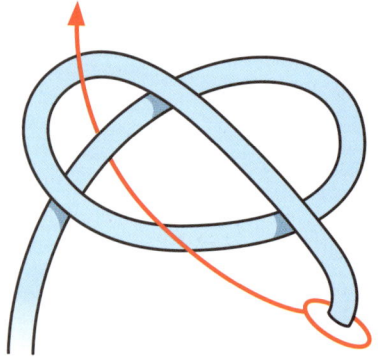

1 Ein Stück Seil wie zu einem unfertigen Überhandknoten auslegen.

Knotenlatein

Als „Türken" bezeichneten die Seeleute früherer Jahrhunderte alle Menschen, die östlich von Suez lebten und einen Turban trugen. Wahrscheinlich kam dieser Knoten zu seinem Namen, weil er dieser Kopfbedeckung entfernt ähnelt. Die Zahl der Variationen ist so groß, dass ihnen ganze Bücher gewidmet wurden.

BERG-STEIGER-KNOTEN

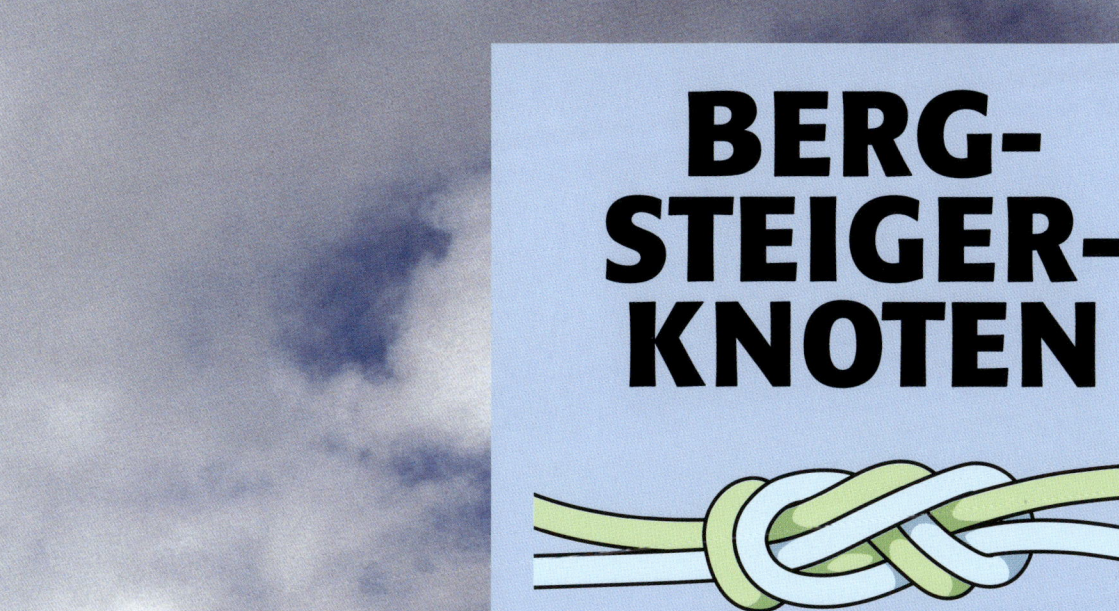

Wenngleich viele dieser Knoten im Bergsport entwickelt wurden, müssten sie eigentlich „Sicherheitsknoten" heißen, denn sie leisten auch bei vielen anderen Tätigkeiten gute Dienste. Höhlen- und Naturforscher, Extremsportler, Brückenbauer, Ingenieure, Rettungsschwimmer, Sanitäter und Bergführer brauchen solche Knoten regelmäßig – ebenso wie militärische Kommandotrupps. Sie alle bewegen sich aus privaten oder beruflichen Gründen in Geländeformen, die besondere Risiken bergen können.

Bergsteigerring

Es gibt verschiedene Techniken, ein Seil aufzurollen. Dieser ordentliche Ring lässt sich gut tragen, und beim Ablaufen verheddert sich das Seil nicht.

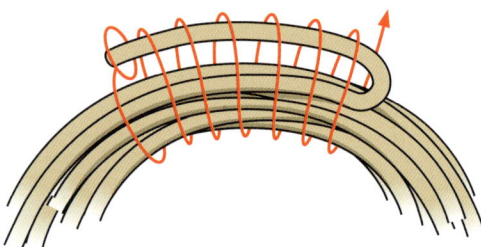

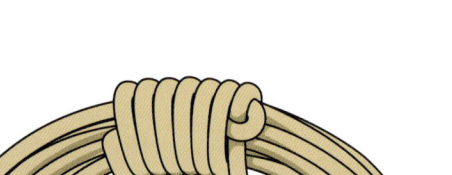

2 *Das lose Ende hier durchführen. Durch Zug an der stehenden Part der Bucht dichtholen.*

1 *Das Seil wird mit gleichmäßigen Törns aufgeschossen. Das Ende zu einer langen Bucht formen und das lose Ende ein Stück gegen die Laufrichtung des Seilrings legen. Entlang dem rückwärts gelegten Ende das Ganze mit engen Rundtörns von links nach rechts umwickeln, bis ein kleines Auge zu sehen bleibt.*

3 *So sieht der dichtgeholte Knoten aus.*

Expertentipp
Aufgerolltes Tauwerk sollte möglichst geschützt in einer Tasche transportiert werden.

Selbststopper mit Schlaufe

(auf einem Seilring)

Hier sehen Sie, wie man eine praktische Aufhängeschlaufe knüpft.

1 *Das Seil zu einem Ring aufschießen und das lose Ende zu einer langen Bucht legen. Mit dem so gedoppelten Ende einen halben Schlag um die Seilwindungen knüpfen.*

2 *Das gedoppelte Ende nach links über den halben Schlag legen und unter dessen erstem Törn durchschieben. Den Knoten dichtholen.*

Knotenlatein

In der Fischerei wurde auch dieser Knoten in einfachem Tauwerk verwendet, um Schleppnetze an Trossen zu befestigen. In Amerika benutzten berittene Soldaten und Cowboys ihn, um ihre Pferde an einem Pfosten anzubinden, damit sie nicht davonlaufen konnten.

Alpiner Schmetterlingsknoten

Dieser klassische Bergsteigerknoten wird ohne Enden nur in der Bucht geknotet und ergibt eine feste Schlaufe, in der sich die mittlere Person einer Seilmannschaft mit dem Karabiner einklinken kann. Er verträgt Zug aus allen Richtungen und kann zum Überbrücken einer schadhaften Stelle verwendet werden.

Knotenlatein

In den USA heißt dieser Knoten auch „lineman's loop", weil er von Arbeitern benutzt wurde, die Telegrafenleitungen (lines) reparierten.

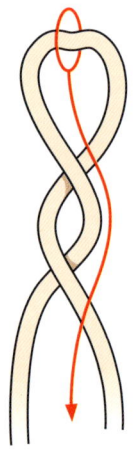

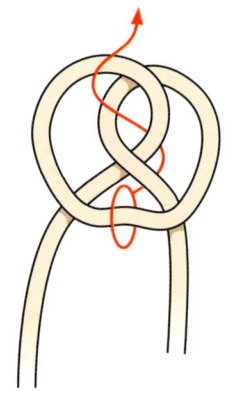

1 Das Seil zur Bucht legen und um 180° drehen. Die Schlaufe nach unten umlegen, sodass sie über den beiden „Beinen" liegt.

2 Dann die Schlaufe von hinten nach vorn durch die Mitte des Knotens ziehen.

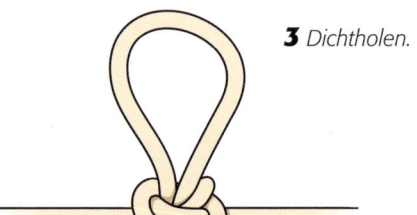

3 Dichtholen.

Expertentipp

Wer sich an diesem Knoten mit seinem Karabinerhaken einklinkt, kann durch die Bewegungen des Vorder- und Hintermanns hin und her gezogen werden. Um das zu vermeiden, kann man die Schlaufe größer knoten.

Überhandschlaufe

Dies ist die einzig verlässliche Möglichkeit, um eine stabile und haltbare Schlaufe in Gurtband zu knüpfen, etwa für improvisiertes Zaumzeug. Man kann sie auch mit rundem Tauwerk binden.

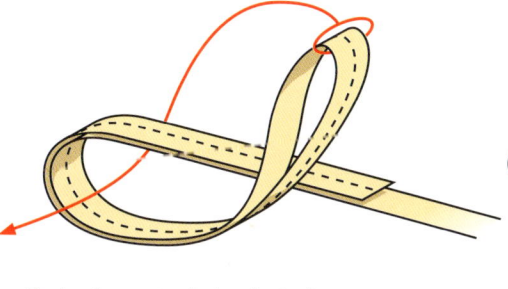

1 Eine lange Bucht in ein Ende des Gurtes legen, ohne ihn dabei unnötig zu verdrehen.

2 Mit dem gedoppelten Ende einen einfachen Überhandknoten knüpfen.

3 Nochmals überflüssige Verdrehungen glätten und den Knoten dichtholen.

Frost-Knoten

Dies ist im Grunde eine Endlosschlaufe mit einer kleinen, festen Schlaufe an einem Ende. Man verwendet den Knoten für improvisierte Steigbügel (so genannte Étriers) und kann ihn auch in ein geknotetes Bergsteigerseilzeug integrieren.

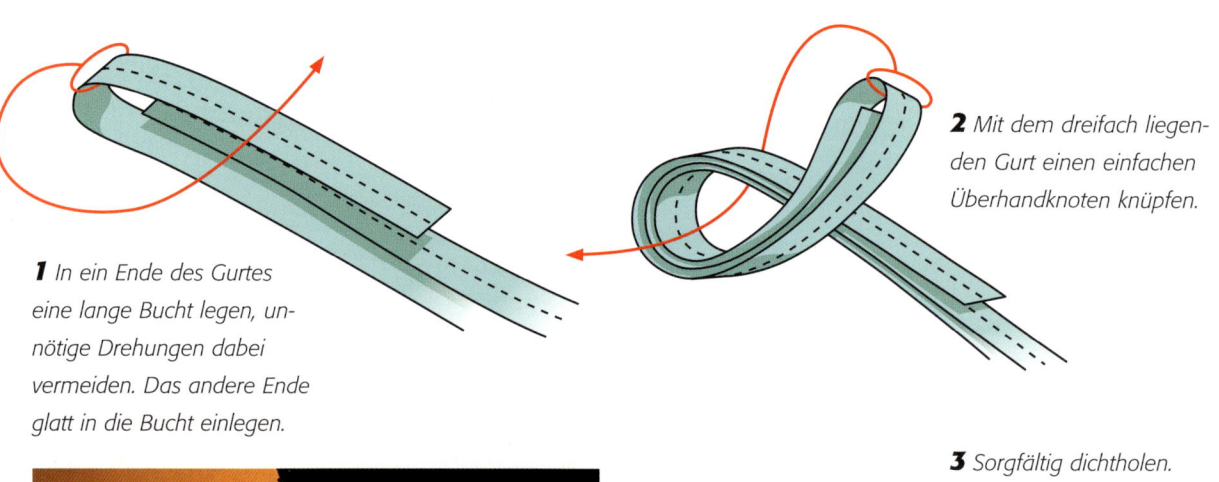

1 In ein Ende des Gurtes eine lange Bucht legen, unnötige Drehungen dabei vermeiden. Das andere Ende glatt in die Bucht einlegen.

2 Mit dem dreifach liegenden Gurt einen einfachen Überhandknoten knüpfen.

3 Sorgfältig dichtholen.

Achtschlaufe

Diese feste Schlaufe in einem Seilende ist beliebt, weil sie leicht zu lernen ist und unter schwierigen Umständen zuverlässig gelingt. Bergführer oder Sportskameraden erkennen auf einen Blick, ob sie korrekt geknüpft ist. Man verwendet sie zum Befestigen eines Seils an Fixpunkten und zum Abseilen von Personen.

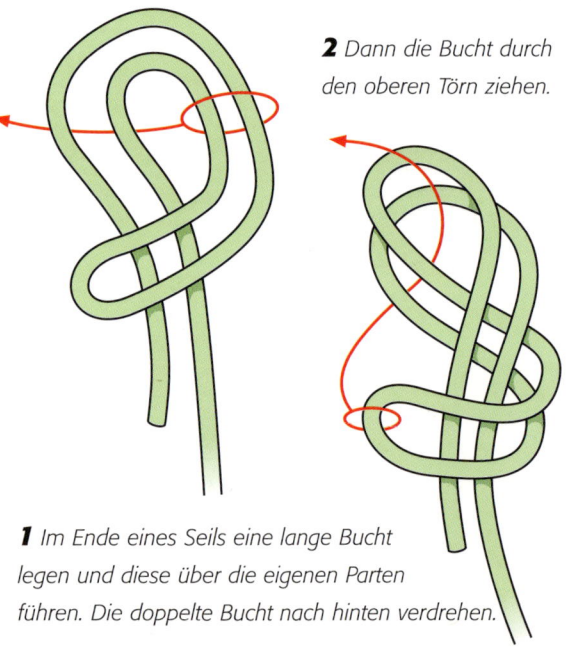

2 Dann die Bucht durch den oberen Törn ziehen.

1 Im Ende eines Seils eine lange Bucht legen und diese über die eigenen Parten führen. Die doppelte Bucht nach hinten verdrehen.

3 Beim Dichtholen des Knotens Verdrehungen glätten.

4 Das lose Ende lang genug lassen, um es weiter unten an der stehenden Part mit einem doppelten Überhandknoten zu sichern.

Doppelte Achtschlaufe

Doppelschlaufen haben verschiedene Funktionen. Man kann sie zum Transport verletzter Personen verwenden, indem man eine Schlaufe als „Sitz" nutzt und die andere unter den Armen hinter den Rücken führt. Die Schlaufen können auch die Enden einer Trage halten. Man kann sie an zwei Fixpunkten einhaken oder zum Abseilen oder Hochziehen von Ausrüstung benutzen.

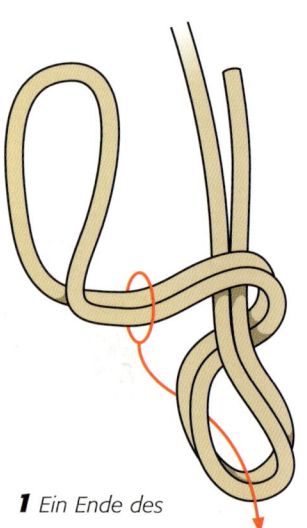

2 (rechts) Die verbliebene Bucht vor dem fast fertigen Knoten nach unten führen und von vorn nach hinten über die Doppelbucht legen.

1 Ein Ende des Seils zu einer langen Bucht legen, mit dieser Bucht einen Unterhandtörn legen. Fortfahren wie bei einem einfachen Achtknoten, aber statt des Buchtendes eine doppelte Schlaufe einstecken, nicht durchziehen.

3 (links) Die untere Doppelbucht durch die hintergeklappte Bucht ziehen.

4 Den Knoten sorgfältig dichtholen.

Dreifacher Palstek

Wie die doppelte Achtschlaufe (Seite 82) eignet sich auch der dreifache Palstek zum Abseilen verletzter Personen, indem zwei Schlaufen die Beine halten, während die dritte um die Brust gelegt wird. Er kann außerdem für Dreipunkt-Verankerungen und zum Hochziehen von Ausrüstung oder anderen Lasten verwendet werden.

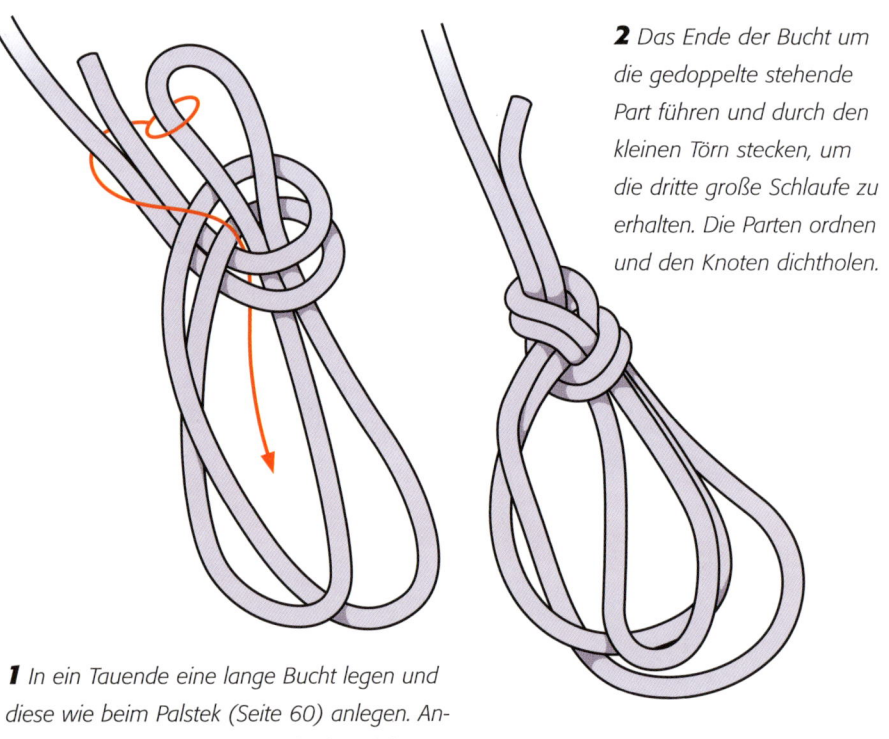

2 Das Ende der Bucht um die gedoppelte stehende Part führen und durch den kleinen Törn stecken, um die dritte große Schlaufe zu erhalten. Die Parten ordnen und den Knoten dichtholen.

1 In ein Tauende eine lange Bucht legen und diese wie beim Palstek (Seite 60) anlegen. Anschließend weiter wie beim Palstek verfahren, allerdings mit dem doppelt liegenden Ende.

Bandschlingenknoten

D ies ist der einzige Knoten, der unter Bergsteigern als zuverlässige Verbindung zweier Gurtenden gilt. Er kann mit rundem Tauwerk geknotet werden, ist eine gute Alternative zur Flämischen Schlinge (Seite 90) und eignet sich zur Herstellung einer Endlosschlaufe.

Expertentipp
Vor dem Dichtholen alle Verdrehungen des Gurtbandes glätten.

1 In ein Ende des Gurtbandes einen lockeren Überhandknoten knüpfen. Das andere lose Ende entgegengesetzt über das erste lose Ende einschieben …

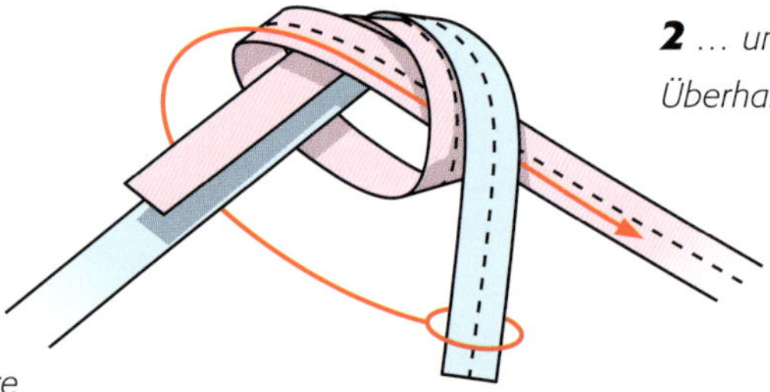

2 … und parallel am ersten Überhandknoten entlangführen.

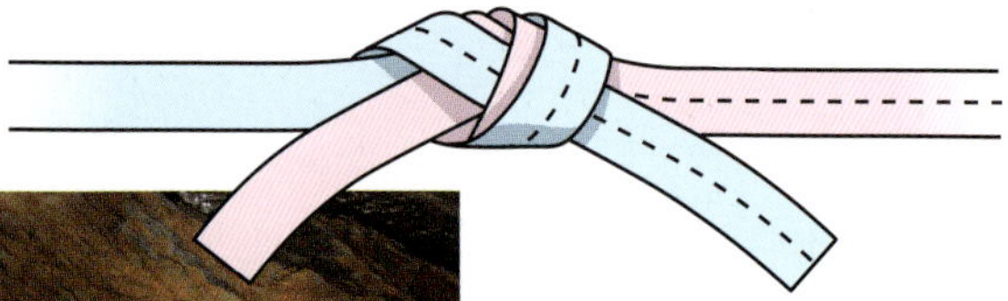

3 Wenn der gesamte Knoten gedoppelt ist und die beiden losen Enden etwa gleichlang herausragen, kann der Knoten dichtgeholt werden.

Knotenlatein
Unter Anglern trägt dieser Knoten auch den Namen Wasserknoten, weil er selbst in nassem Tauwerk recht zuverlässig hält.

Überhandverkürzer

Dieser Knoten für Gurtband erfüllt die gleiche Funktion wie die Lange Trompete in rundem Tauwerk. Er verkürzt das Gurtband und bildet gleichzeitig zwei Schlaufen, in die man Karabiner einklinken kann. Außerdem eignet er sich zum vorübergehenden Überbrücken einer schadhaften Stelle.

> **Knotenlatein**
> Manchmal heißt dieser Knoten auch doppelter Frost-Knoten.

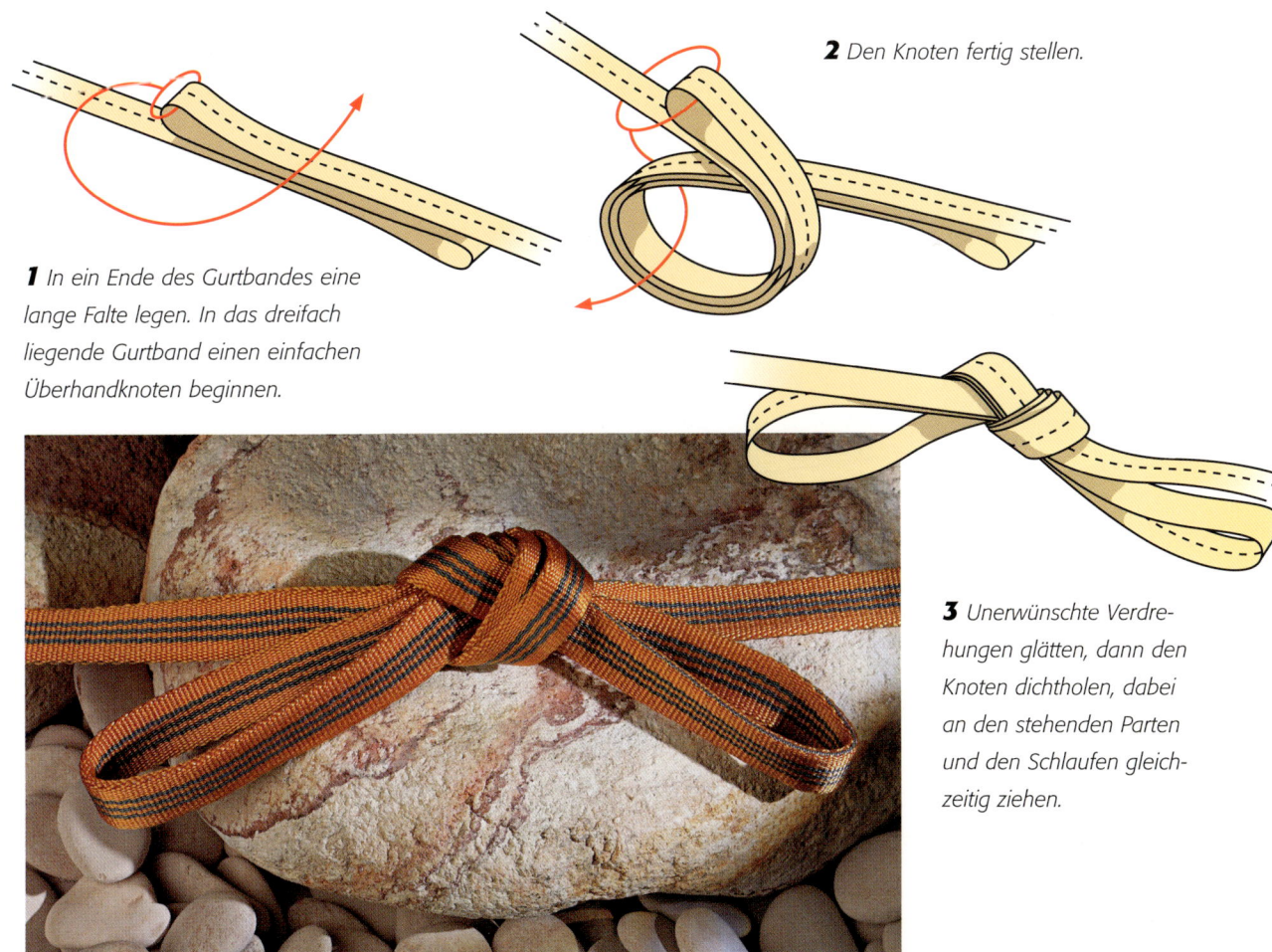

1 In ein Ende des Gurtbandes eine lange Falte legen. In das dreifach liegende Gurtband einen einfachen Überhandknoten beginnen.

2 Den Knoten fertig stellen.

3 Unerwünschte Verdrehungen glätten, dann den Knoten dichtholen, dabei an den stehenden Parten und den Schlaufen gleichzeitig ziehen.

Vice-Versa-Knoten

Knotenlatein

Dieser Knoten wurde im Mai 1928 in der 40. Ausgabe des *Alpine Journal* von C. E. I. Wright und J. E. Magowan als Neuentwicklung für das damals übliche, dreikardeelige Tauwerk vorgestellt.

Ein guter Knoten, um zwei Seile sicher miteinander zu verbinden. Am besten eignet er sich für Tauwerk gleicher Art und Stärke, doch auch geringfügige Unterschiede beeinträchtigen seine Haltbarkeit kaum.

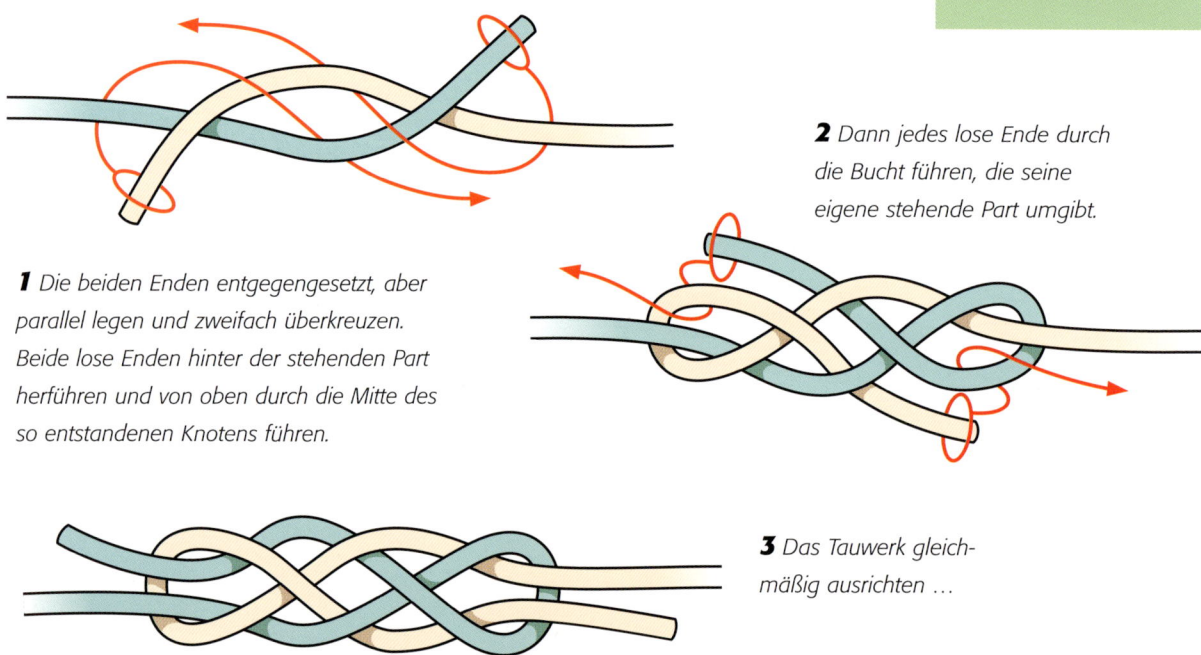

2 *Dann jedes lose Ende durch die Bucht führen, die seine eigene stehende Part umgibt.*

1 *Die beiden Enden entgegengesetzt, aber parallel legen und zweifach überkreuzen. Beide lose Enden hinter der stehenden Part herführen und von oben durch die Mitte des so entstandenen Knotens führen.*

3 *Das Tauwerk gleichmäßig ausrichten …*

Expertentipp

Der Knoten sieht durch seine Symmetrie sehr attraktiv aus. Obwohl es ihn schon seit 80 Jahren gibt, ist er recht unbekannt und wird selten verwendet. Es könnte sich lohnen, unter sicheren Bedingungen seine Tauglichkeit für die modernen Kern-Mantel- und Geflecht-Tauwerkstypen zu erproben.

4 *… und dichtholen.*

Flämische Schlinge
(verstärkt)

D ies ist eine bekannte Alternative zum Band-
schlingenknoten (Seite 86) und zum Vice-
Versa-Knoten (Seite 88).

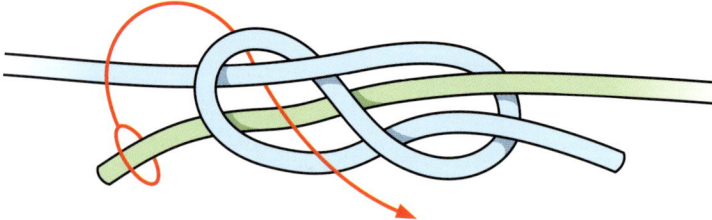

1 *Die beiden Enden entgegengesetzt parallel legen und in eines einen Achtknoten
knüpfen, der das andere Ende umschließt.*

2 *Mit dem anderen Ende den
gesamten Verlauf des soeben
gebildeten Achtknotens nachfahren.*

3 *Ordnen und dichtholen.*

Expertentipp

Unerwünschte Verdrehungen vermeiden, aber die parallel
laufenden Parten sollten an den engen Kurven des
Knotens die Seiten wechseln. Beide Enden bleiben lang
und werden mit Tape, Taklingen oder doppelten Überhandknoten an der parallel laufenden Part fixiert.

Reffknoten

(verstärkt)

Im Zeitalter der Rollreffs braucht kaum jemand diesen Knoten, darum haben wir ihn nicht den Wassersport-knoten zugeordnet. Erstaunlicherweise wird er (im Widerspruch zur verbreiteten Meinung, siehe Experten-tipp) in einigen Bergsteigerhandbüchern als Verbindung zweier Enden zum Abseilen empfohlen.

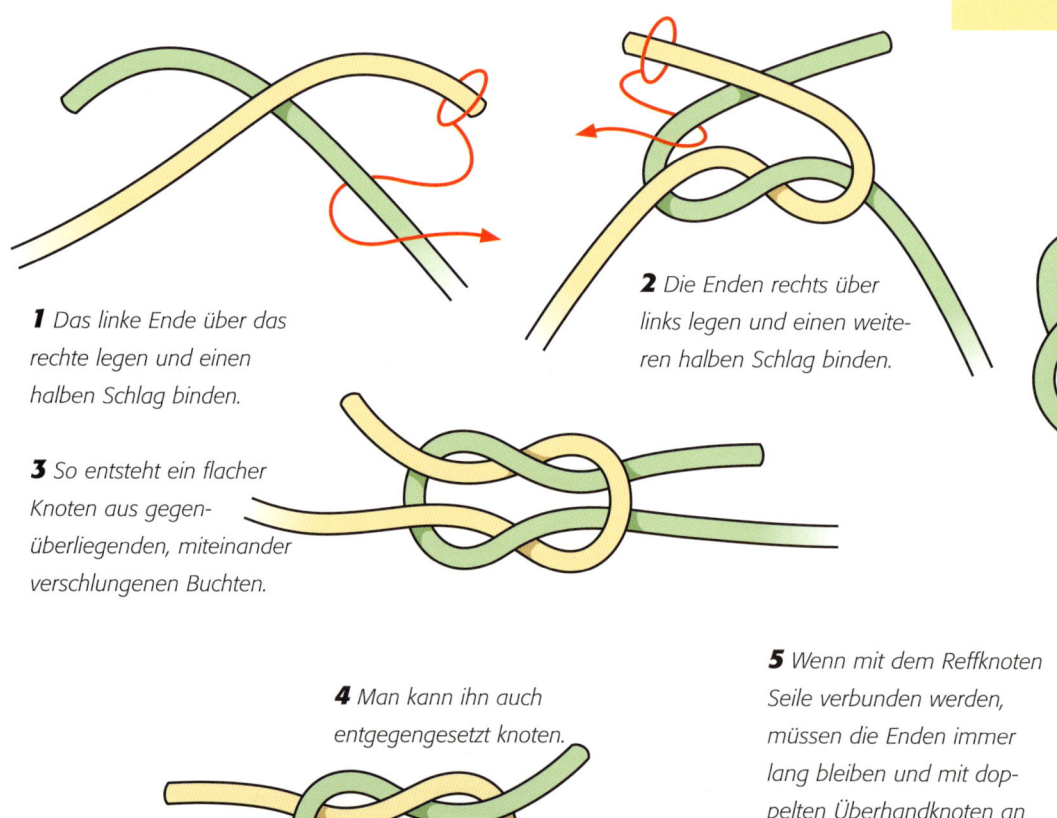

1 Das linke Ende über das rechte legen und einen halben Schlag binden.

2 Die Enden rechts über links legen und einen weite-ren halben Schlag binden.

3 So entsteht ein flacher Knoten aus gegen-überliegenden, miteinander verschlungenen Buchten.

4 Man kann ihn auch entgegengesetzt knoten.

5 Wenn mit dem Reffknoten Seile verbunden werden, müssen die Enden immer lang bleiben und mit dop-pelten Überhandknoten an den parallel laufenden Parten gesichert werden.

Halber Mastwurf

Dies ist ein Bremsknoten, mit dem man durch Nachgeben des losen Endes schwere Gegenstände (und Personen) kontrolliert abseilen kann. Sofern der Karabiner groß genug ist, kann man den unbelasteten Knoten durch Zug am losen Ende auf die andere Seite verschieben. Dadurch wird die Funktion der Enden vertauscht, das ehemalige Lastseil wird zum Bremsseil.

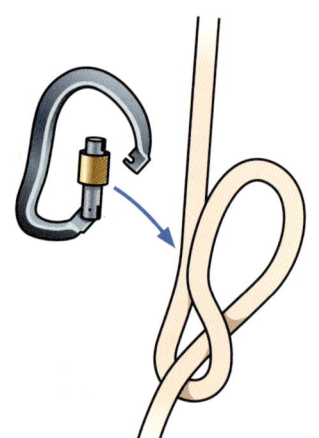

2 Durch Nachgeben des losen Endes kann nun eine Last langsam abgeseilt werden, weil die Reibung des Knotens stark bremsend wirkt.

3 Steht der Knoten nicht unter Last, kann er durch Zug am losen Ende umgekehrt werden und übt nun Bremswirkung in entgegengesetzter Richtung aus.

1 In die stehende Part eines Seils eine Bucht legen und drehen, sodass ein unvollständiger Achtknoten entsteht. Gemäß Abbildung einen Karabiner einhängen.

Expertentipp
Es besteht die Gefahr, dass bei zu starker Belastung die Fasern durch Reibungshitze geschädigt und geschwächt werden können. Dem steht zwar entgegen, dass sich durch das Nachgeben des Taus der Belastungspunkt ständig verändert, doch strapazieren die scharfen Biegungen zweifellos jedes Material. Es ist daher empfehlenswert, Seile, die extreme Belastungen abfangen mussten und dadurch an die Grenze ihrer Bruchlast gelangt sind, auszutauschen.

4 Unter Last entsteht wieder Reibung, die das Durchlaufen des Karabiners am Seil entlang bremst.

Munter-Maulesel

Wenn es beim Abseilen im Gebirge notwendig ist, für eine wichtige Aufgabe beide Hände frei zu haben, ist dieser Knoten gefragt.

2 *Das lose Seil auf der Seite der Karabineröffnung fassen, einen Unterhandtörn legen, eine Bucht hinten um die stehende Part führen und vorn durch den Törn schieben (nicht ganz durchziehen).*

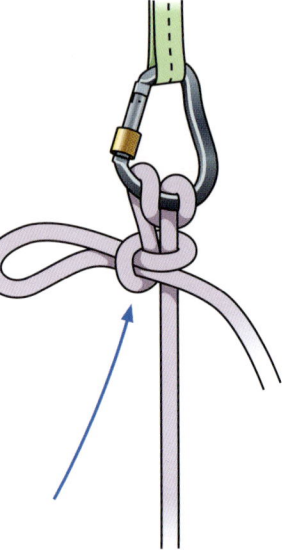

4 *Den Knoten bis dicht an den Karabiner schieben.*

1 *Das Seil mithilfe des halben Mastwurfs (Seite 94) bremsen.*

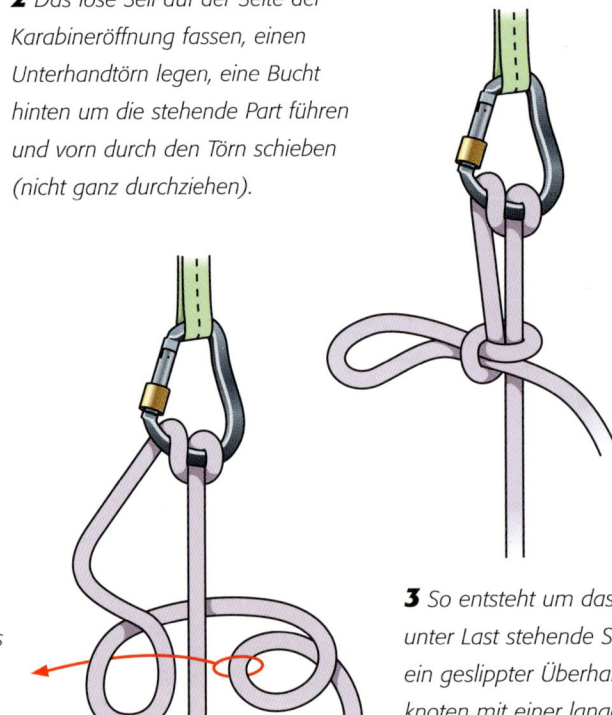

3 *So entsteht um das unter Last stehende Seil ein geslippter Überhandknoten mit einer langen Zugschlaufe.*

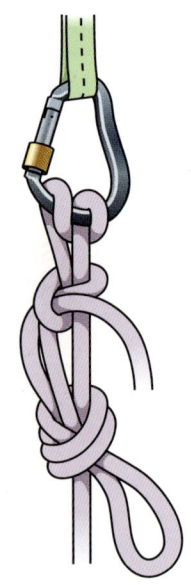

5 *Die Zugschlaufe unten zu einem zweiten Überhandknoten knüpfen.*

Knotenlatein

Bremsknoten und einige andere Bergsteigerknoten werden typischerweise in der Bucht (also ohne lose Enden) geknotet und halten ihre Form nur, weil ein fester Gegenstand wie ein Karabiner eingebunden ist. Ohne diesen Gegenstand würden sie einfach in sich zusammenfallen. Der Muringstek (Seite 58) ist ebenfalls ein Knoten ohne Enden.

ANGLER-KNOTEN

Die meisten Anglerknoten werden in dünne Angel-sehne geknotet. Wenngleich es dieses Nylon-material in verschiedenen Stärken gibt, sind die Knoten im Vergleich zu Knoten aus anderen Einsatzgebieten doch allesamt winzig. Der Anschaulichkeit halber zeigen wir sie hier mit dickerem Tauwerk. Es ist auch sinnvoll, sie zuerst mit solch handlicherem Material zu üben.

Das Knüpfen von Anglerknoten ist eine Herausfor-derung an die Feinmotorik. Manche der kaum wahr-nehmbaren, fließenden Bewegungen, die man sich unter Sportskollegen gegenseitig zeigt, sind in einem Buch gar nicht darstellbar.

Eine Technik sollten Sie aber kennen, weil einige der besonders schwierigen und dennoch wichtigen Knoten auf ihr basieren, etwa der verbesserte Clinch-Knoten oder die Kurze Trompete. Zwei Parten werden dabei miteinander verzwirbelt, beim Dichtholen zieht sich eine glatt und „stülpt" die anderen Twists um – ähnlich wie beim Ausziehen eines Strumpfes.

Chirurgenschlaufe

Eine schnelle, einfache Methode, um eine elegante und haltbare Schlaufe in das Ende einer Nylonschnur zu knüpfen.

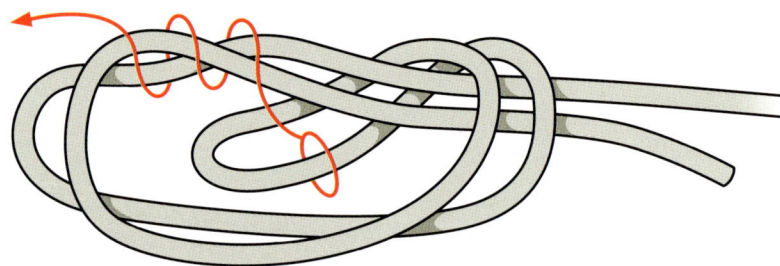

1 In ein Ende der Schnur eine lange Bucht legen. In die doppelt liegende Schnur zunächst einen einfachen Überhandknoten binden, dann das Buchtende noch zweimal in gleicher Richtung durchstecken, um einen dreifachen Überhandknoten zu erhalten.

2 Alle Windungen liegen oben.

3 Durch Zug an beiden Enden den Knoten langsam dichtholen, bis die Windungen sich zusammenschieben.

4 Die Windungen eventuell noch ordnen und ganz dichtholen.

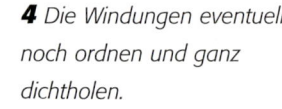

Blutknoten mit Springerschlaufe

An der Schlaufe können Fliegen, Blinker, Haken mit Köder, Gewichte oder Posen eingehängt werden.

Expertentipp

Man kann diesen Knoten auch mit zwei losen Enden binden, die anschließend verbunden werden, um die Schlaufe zu erhalten (siehe Blutknoten, Seite 120).

1 *Einen fünffachen Überhandknoten knüpfen. Eine große Bucht oder Schlaufe durch den mittleren Twist stecken …*

2 *… und auf die gewünschte Größe durchziehen.*

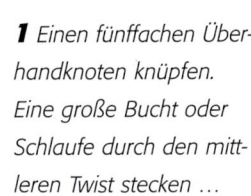

Knotenlatein

Der Knoten heißt auch kurz Springerknoten.

3 *Durch Zug an beiden stehenden Parten den Knoten dichtholen, sodass sich die Twists zusammenschieben.*

4 *Die fertige Schlaufe.*

Verbesserter Snell-Knoten

Dieser Knoten dient dazu, eine Schnur am Schaft eines Angelhakens zu befestigen. Beißt ein Fisch an, kommt Last auf den Knoten, und er zieht sich fest zusammen.

Knotenlatein

Dieser Knoten wurde entwickelt, als Angelhaken noch kein Auge hatten. Er eignet sich aber ebenso gut für Haken mit vor- oder rückwärts geneigtem Auge.

1 Das lose Ende durch das Auge des Hakens führen. Einen großen Unterhandtörn legen und neben dem Schaft platzieren.

2 Mehrere Törns gleichmäßig in Richtung Auge um den Schaft und die dazu parallel liegende Schnur führen. Vorsicht an der Hakenspitze: Verletzungsgefahr!

3 (oben) Das lose Ende durch alle Törns in Richtung Haken führen.

4 Durch Zug an der stehenden Part die Bucht in den Knoten ziehen und den Knoten dichtholen.

5 Das lose Ende abschneiden.

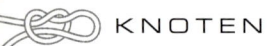

Nagelknoten

Der Nagelknoten wird verwendet, um eine Fliegenschnur am Vorfach anzubinden. Man bindet ihn mithilfe eines Nagels. Alternativ kann ein Stück Strohhalm, ein kurzes Metallröhrchen oder eine leere Kugelschreibermine verwendet werden.

Knotenlatein

Der bekannte amerikanische Fliegenfischer Joe Brooks lernte diesen Knoten in Argentinien kennen, wo man ihn mithilfe eines Hufnagels band. Vermutlich rührt daher sein Name. Heute liest man manchmal auch die Bezeichnung Röhrenknoten.

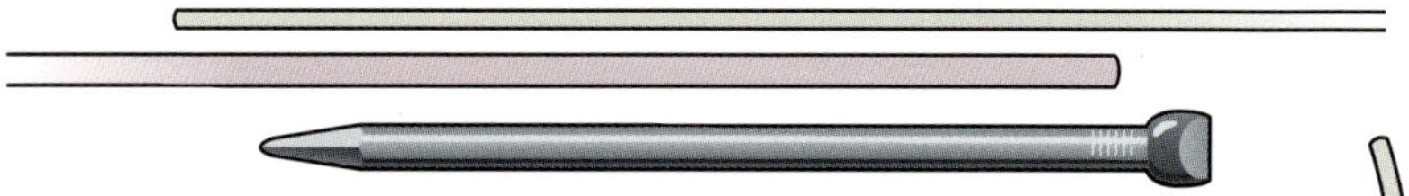

1 *Fliegenschnur und Vorfach in entgegengesetzter Richtung ausrichten, den Nagel parallel daneben legen.*

2 *Das Ende der Fliegenschnur um Vorfach, Nagel und die eigene stehende Part legen …*

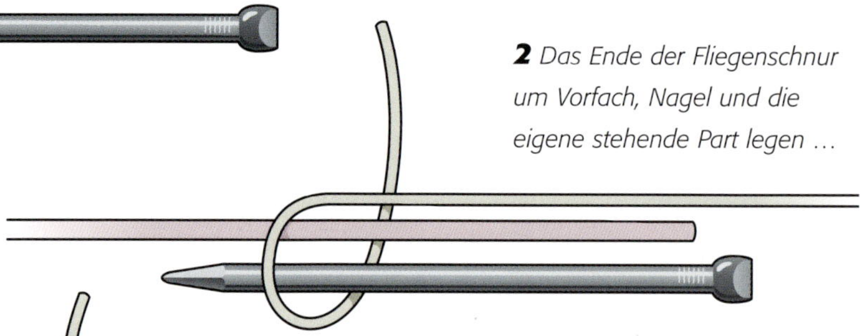

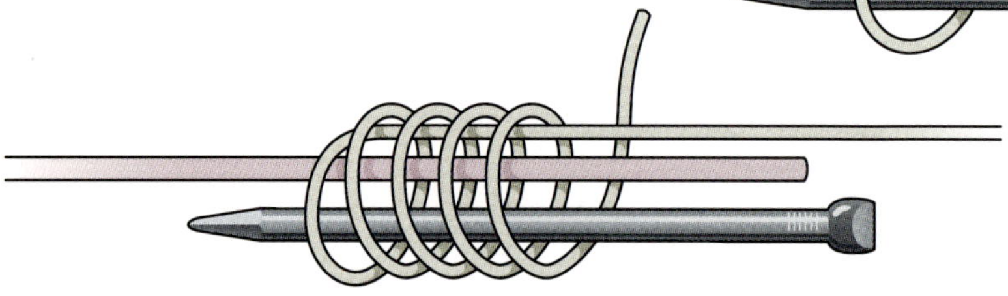

3 *… und mehrmals von links nach rechts umwinden.*

4 *(unten) Dann das lose Ende am Nagel entlang zurück durch alle Windungen führen. Den Nagel entfernen und an beiden losen Enden ziehen.*

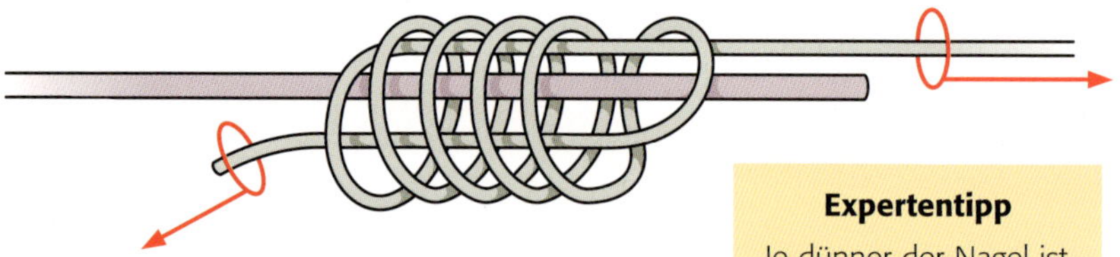

Expertentipp

Je dünner der Nagel ist, desto enger liegen die Törns und umso sauberer lassen sie sich dichtholen.

5 *Den Knoten ordnen und ganz dichtholen. Das lose Ende der Fliegenschnur knapp abschneiden.*

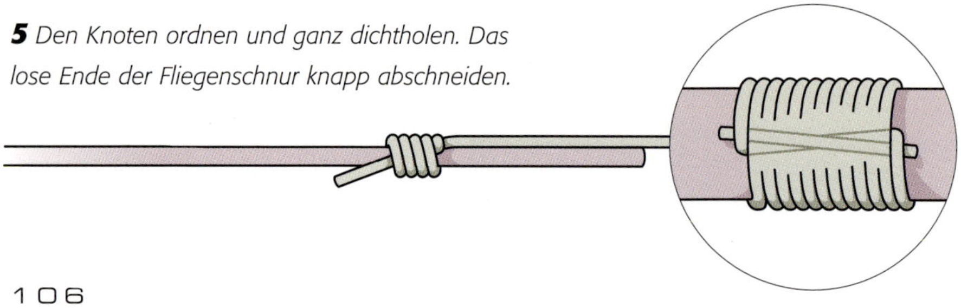

Domhofknoten

D ieser Knoten eignet sich, ebenso wie der Snell-Knoten (Seite 104), zum Anbinden einer Nylonschnur an Angelhaken mit und ohne Auge.

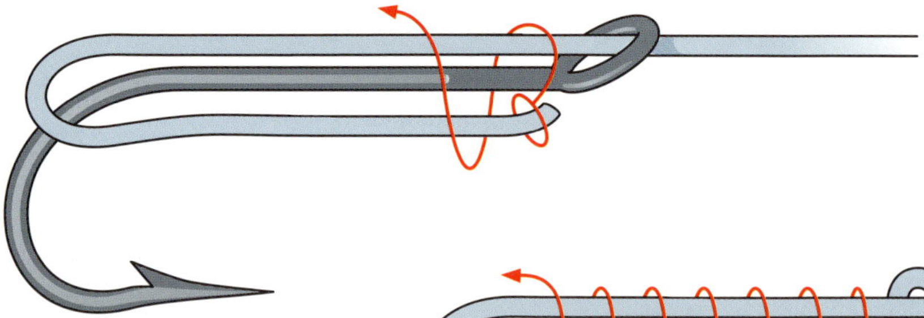

(Seite 104)

Expertentipp

Die Schnur wegen der Reibung beim Dichtholen nicht durch ein gerade stehendes Auge am Haken schieben.

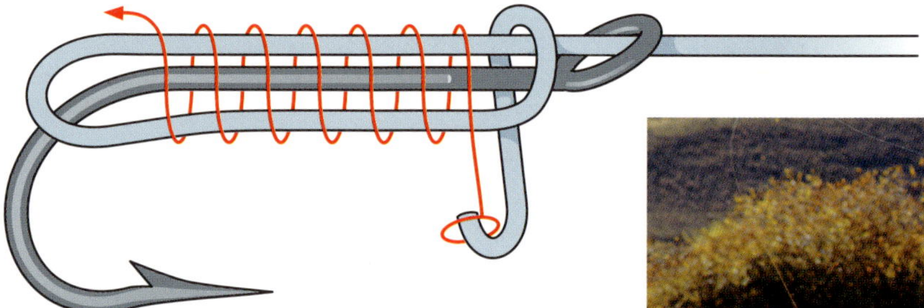

2 Mehrere enge Törns in Richtung Haken legen. Vorsicht an der Hakenspitze: Verletzungsgefahr!

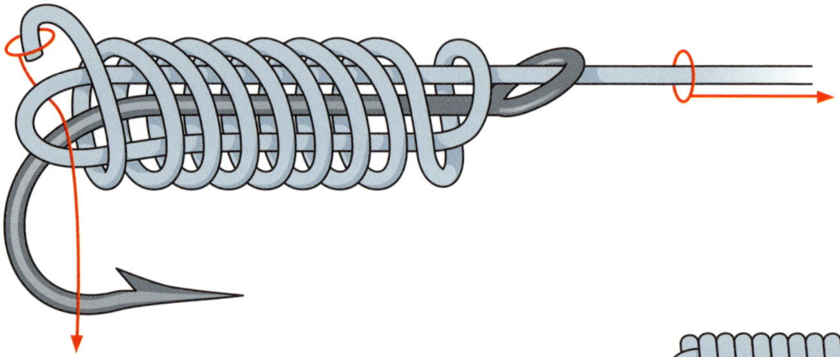

1 Das lose Ende durch das Auge zum Haken führen, dann parallel zu einer Bucht legen. Die Bucht parallel zum Haken festhalten. Das lose Ende um Haken und beide Parten der Bucht führen.

3 Das lose Ende durch das Ende der Bucht führen und so fixieren. Den Knoten durch Zug an der stehenden Part dichtholen.

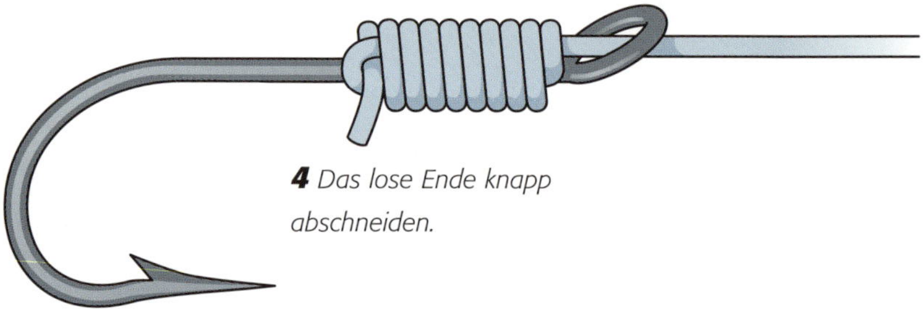

4 Das lose Ende knapp abschneiden.

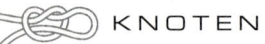

Non-slip Monoknoten

Eine kleine, feste Schlaufe hat Vorteile gegenüber anderen Knoten, weil sich an ihr Haken und Blinker freier bewegen können. Besonders bei Blinkern ist die Beweglichkeit wichtig, damit sie „lebendig" wirken.

Expertentipp
Dieser Knoten ist angeblich hundertprozentig bruchsicher – jedoch nur, wenn die Anzahl der Törns um die stehende Part in richtiger Relation zur Stärke der Leine steht. Bei dünnen Leinen sollten es sechs oder sieben Törns sein, bei mittleren vier, bei dicksten Angelschnüren können zwei oder drei Törns genügen.

__1__ In ein Ende der Schnur einen Überhandknoten schlingen. Das lose Ende durch das Auge des zu befestigenden Gegenstandes und wieder zurück durch den Knoten führen.

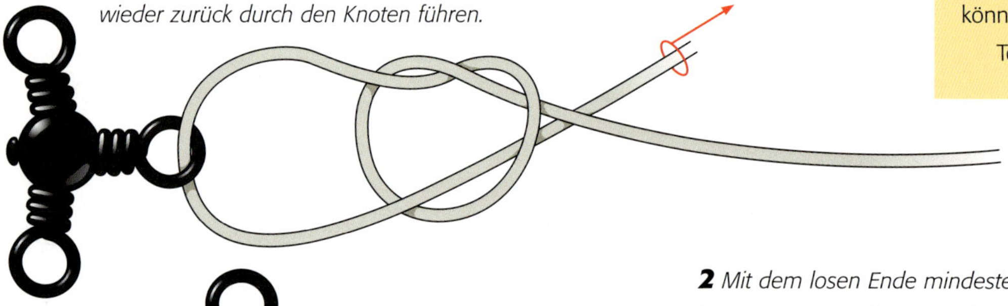

__2__ Mit dem losen Ende mindestens vier Törns vom Knoten weg um die stehende Part ausführen.

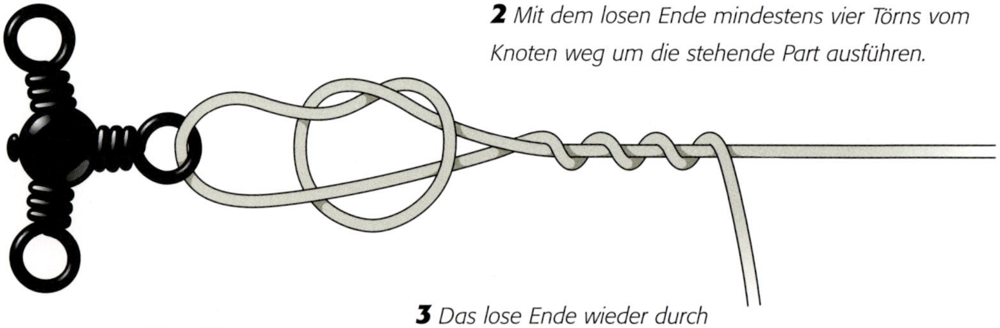

__3__ Das lose Ende wieder durch den Überhandknoten schieben.

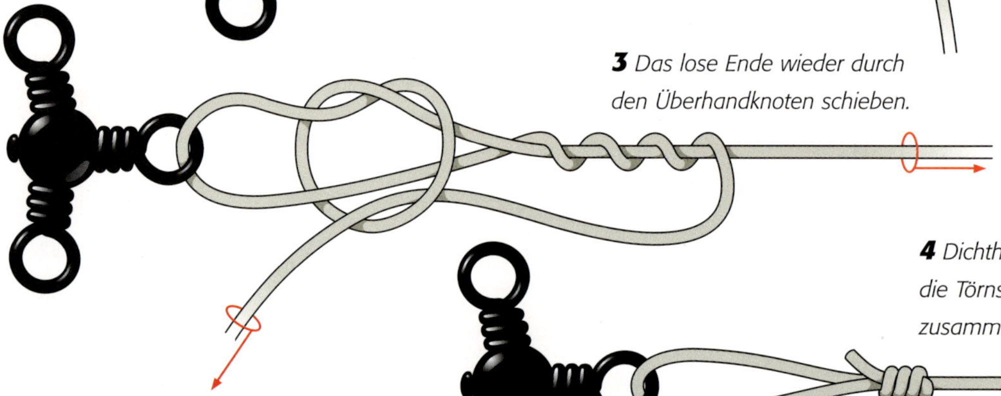

__4__ Dichtholen, sodass die Törns sich eng zusammenschieben.

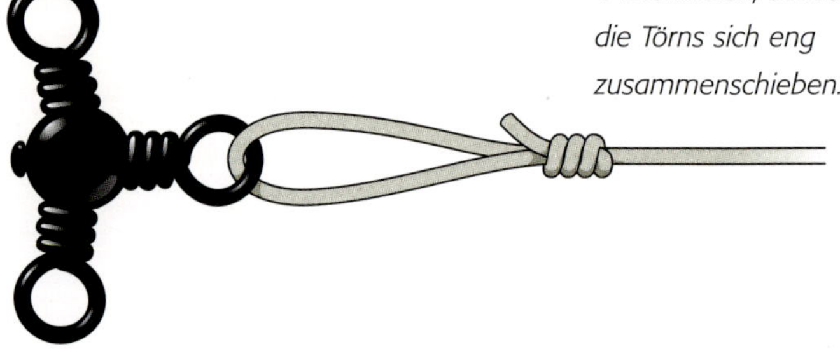

Verbesserter Clinch-Knoten

Dieser Knoten dient zum Anbinden einer dünnen Schnur an ein gerade stehendes Auge.

1 Das lose Ende durch das Auge des Hakens ziehen und vier- bis fünfmal um die eigene stehende Part vom Auge weg winden. Dann durch das kleine Schnurauge direkt über dem Haken ziehen, sodass das lose Ende eine breite Bucht bildet.

2 Das lose Ende durch die breite Bucht führen.

3 Dichtholen, dabei die Törns eng zusammenschieben.

Wirbelknoten

Ein kräftiger, stabiler Knoten für Nylonschnur oder geflochtene Leine.

1 *In das Schnurende eine lange, enge Bucht legen und diese durch das Auge des Hakens führen. Die Bucht parallel zur stehenden Part ausrichten. Das lose Ende um alle drei Parten legen …*

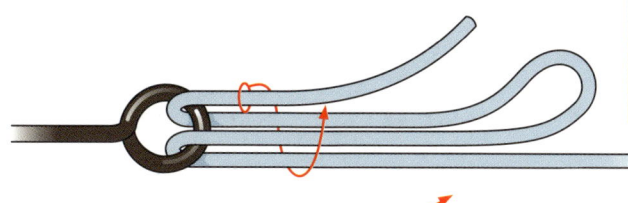

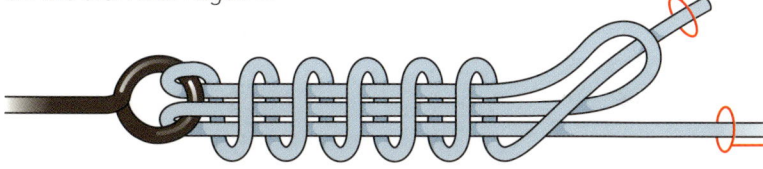

3 *Den Knoten ordnen und das lose Ende knapp abschneiden.*

2 *… und mehrmals umwickeln (siehe Expertentipp). Das lose Ende durch die Bucht schieben und den Knoten durch Zug an Ende und stehender Part dichtholen.*

Kurze Trompete

Ein praktischer Knoten zum Befestigen eines großen Hakens und Wirbels, wie man sie beim Hochseeangeln verwendet.

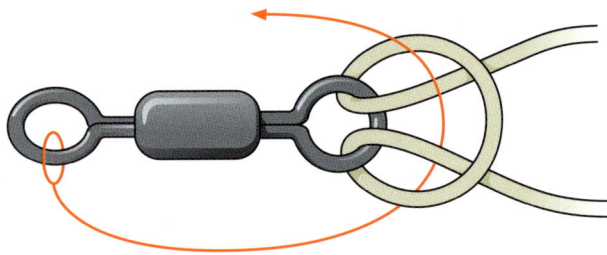

1 Das Ende einer langen Bucht durch das Auge führen, dann um den Haken herum zurück auf die eigenen „Beine" legen. Den Haken von hinten durch die Bucht drehen.

2 So werden beide Haltebuchten einmal verdreht.

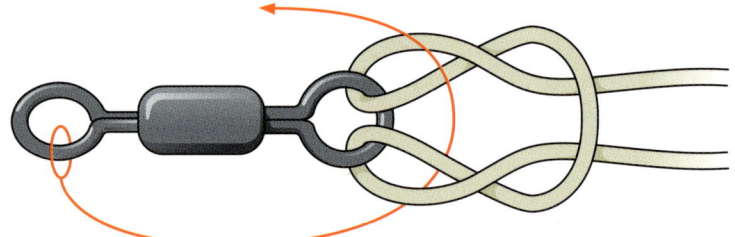

3 Mit dem Haken noch etwa acht weitere Umdrehungen ausführen. Die Twists zum Haken schieben und durch Zug an den stehenden Parten gut dichtholen.

4 Den Knoten ordnen, sodass die Windungen dicht am Auge ansetzen.

Palomar-Knoten

Ein weiterer Knoten zum Anbinden eines Hakens, Blinkers oder Wirbels. Er ist einfach zu knüpfen, erfordert aber ein relativ großes Auge oder Öhr.

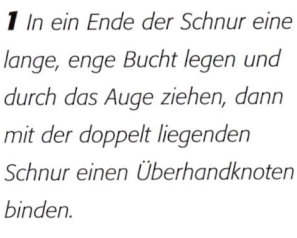

1 In ein Ende der Schnur eine lange, enge Bucht legen und durch das Auge ziehen, dann mit der doppelt liegenden Schnur einen Überhandknoten binden.

2 Das Ende der Bucht um den Haken (oder anderen Ausrüstungsgegenstand) herum legen.

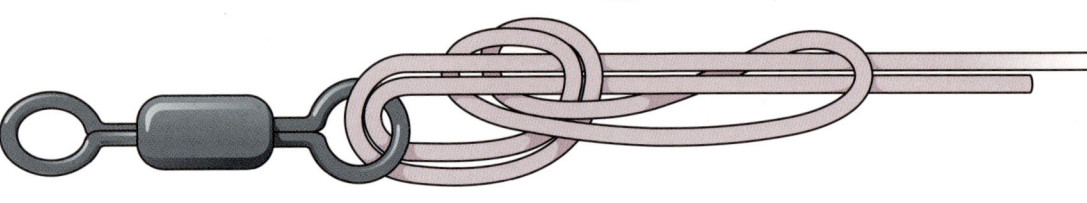

3 (oben) Die Schlaufe über den Knoten führen, bis er über der doppelt stehenden Part liegt.

4 Den Knoten ordnen und dichtholen.

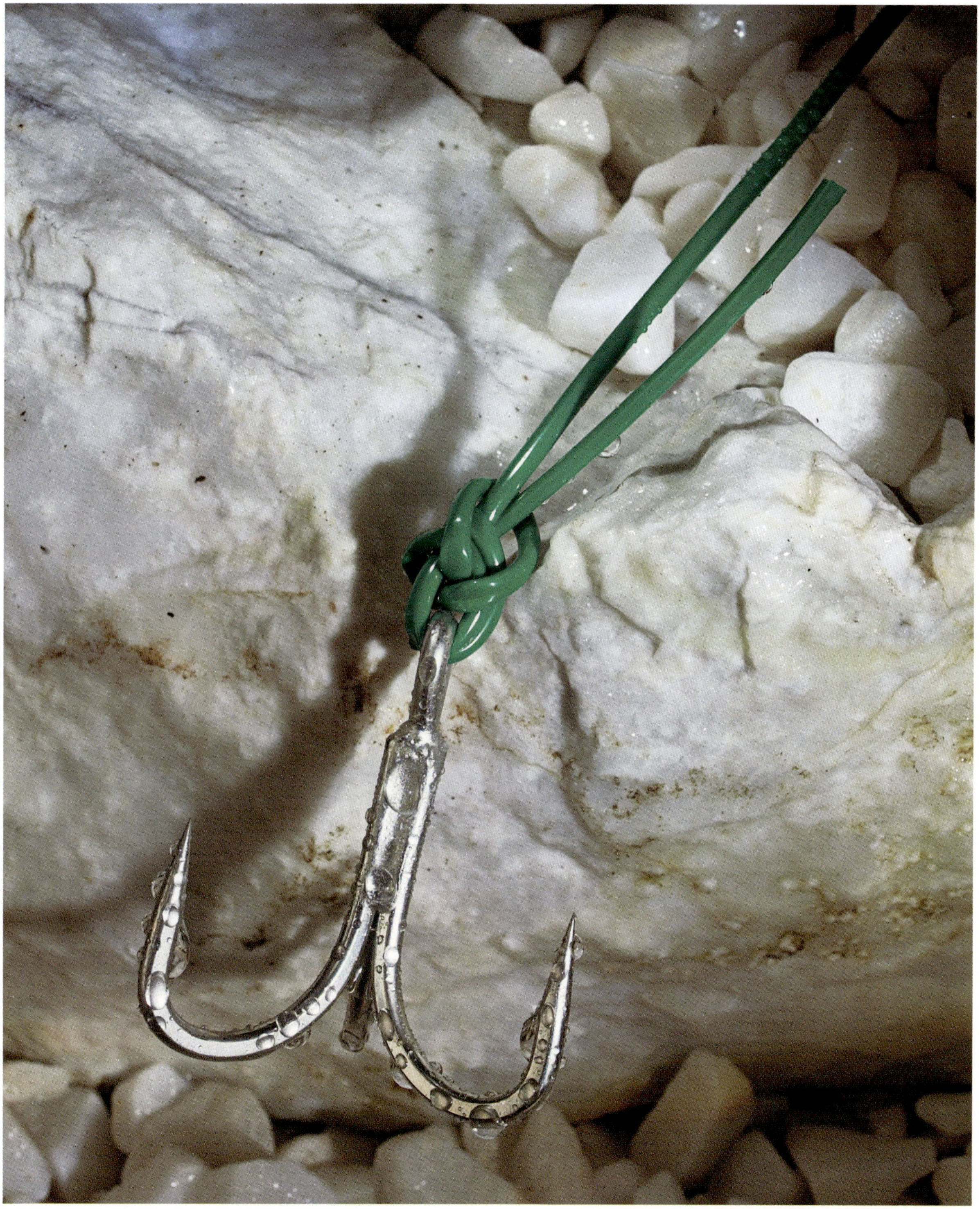

Trilene-Knoten

Diese Hakenbefestigung ähnelt dem Clinch-Knoten (Seite 112), allerdings wird das Ende zweimal durch das Auge des Hakens geführt.

Methode 1 (einfach)

1 Das lose Ende zweimal durch das Auge führen, dann mehrmals um die stehende Part winden und zum Schluss durch den Rundtörn führen.

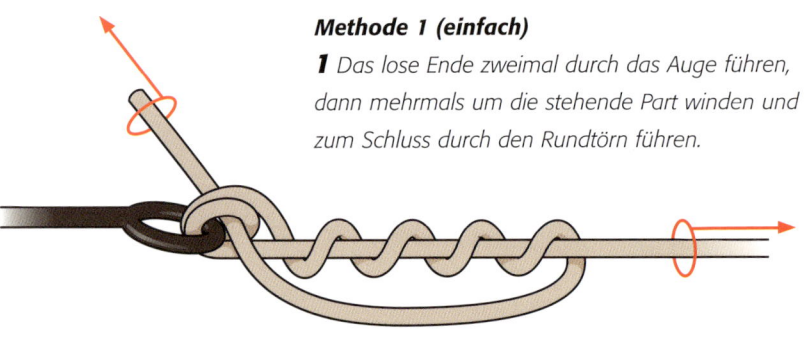

2 Ordnen und dichtholen.

Knotenlatein

Dieser Knoten ist auch als Berkley-Trilene-Knoten bekannt.

Expertentipp

Bei dickeren Leinen die Anzahl der Twists reduzieren, damit sich der Knoten dichtholen lässt. Bei dünnen Leinen die Anzahl für mehr Stabilität erhöhen.

Methode 2 (verbessert)

1 Noch sicherer ist der Knoten, wenn man das Ende durch den Rundtörn und dann noch durch die Bucht zieht.

2 Sorgfältig dichtholen und das lose Ende knapp abschneiden.

Blutknoten

Eine uralte, bewährte Methode zum Verbinden zweier Angelschnüre von ähnlicher Art und Stärke.

Methode 1 (direkt)

1 Die beiden Enden entgegengesetzt ausrichten. Ein Ende mehrmals dicht um die stehende Part der anderen Schnur und sich selbst winden. Das Ende zwischen beiden Schnüren nach oben führen.

2 Mit dem anderen Ende von der anderen Seite um die stehende Part und sich selbst winden.

3 (unten) Das zweite lose Ende von oben nach unten neben das erste lose Ende durchstecken. Den Knoten dichtholen.

Methode 2 (indirekt)

1 Die beiden Enden parallel entgegengesetzt legen. Ein Ende nach links um die stehende Part des anderen Endes verdrehen und rechts davon zwischen beide Schnüre schieben.

2 Rechts die Parten verdrehen. Das lose Ende in entgegengesetzter Richtung durch die Mitte schieben.

3 Durch Zug an den stehenden Parten dichtholen.

Chirurgenknoten

Dieser schlanke Knoten zum Verbinden von zwei Angelschnüren gleicher Art und Stärke passt leicht durch die Führungsringe an der Angelrute.

1 Die losen Enden beider Schnüre entgegengesetzt parallel legen und zu einem Überhandknoten ansetzen.

2 In die doppelt liegende Schnur einen dreifachen Überhandknoten knüpfen.

3 Langsam dichtholen, sodass die Twists sich zusammenschieben.

4 Weiter dichtholen, bis die Twists ordentlich nebeneinander liegen.

Welcher Knoten wofür?

* Für rundes Tauwerk und Gurtband   ° Anglerknoten

Bindeknoten (zum vorübergehenden Verbinden loser Enden)

Achtknoten (verstärkt)	Bandschlingenknoten*	Blutknoten°
Chirurgenknoten°	Reffknoten (verstärkt)	Trossenstek*
Vice-Versa-Knoten	Zeppelinknoten	

Steks (zur Befestigung an einem Ring, einem Poller, einer Stange oder einem anderen Seil)

Achtknoten an einem Auge	Ballenstropp-Stek	Domhofknoten°
Kurze Trompete°	Muringstek*	Nagelknoten°
Non-slip Monoknoten°	Ossel-Knoten	Ossel-Stek*
Palomar-Knoten°	Roringstek	Roringstek
Rundtörn mit zwei halben Schlägen Spierenstich*		Trilene-Knoten°
Verbesserter Clinch-Knoten°	Verbesserter Snell-Knoten°	Wirbelknoten°

Feste Schlaufen (einfach, doppelt, dreifach)

Achtschlaufe*	Alpiner Schmetterlingsknoten	Anglerschlaufe°
Blutknoten mit Springerschlaufe	Chirurgenschlaufe°	Doppelschlaufe
Doppelte Achtschlaufe	Dreifacher Palstek	Frost-Knoten*
Palstek	Überhandschlaufe*	

Verschiebbare Schlaufen (oder Schlingen)

Tarbuck-Knoten	Zweistrang-Bändselknoten	

Taklinge und Bändsel (kurze Enden zum Zusammenhalten)

Doppelter Konstriktorknoten	Einfacher Takling	Konstriktorknoten

Verkürzungen

Flechtknoten	Lange Trompete	Überhandverkürzer*

Stopperknoten

Achtknoten	Ashley-Stopper

Spezialknoten

Ashers Flaschenstropp	Bergsteigerring	Chinesischer Kreuzknoten*
Halber Mastwurf	Munter-Maulesel	Selbststopper mit Schlaufe*
Taljereepsknoten	Türkenbund	

Weiterführende Information

Die „International Guild of Knot Tyers" wurde 1982 in London als Vereinigung von Menschen gegründet, die sich für alles interessieren, was mit Knoten, Knotentechnik und Tauwerk zu tun hat. Hier haben sich Seeleute, Fachärzte, Elektrotechniker, Takler, Künstlerinnen im Sticken, Pferdegeschirrmacher, Seiler usw. aus der ganzen Welt zusammengefunden. Die Mitglieder der „Guild" halten durch Briefe Kontakt untereinander und veröffentlichen die vierteljährlich erscheinende Zeitschrift „Knotting Matters". Sie ist eine Fundgrube für jeden, der sich für Tauwerksarbeiten interessiert. Der Sachkenntnisstand der Mitglieder ist sehr unterschiedlich. In der Gilde gibt es sowohl Anfänger als auch Spezialisten. Alle haben ein gemeinsames Thema und die gleiche Leidenschaft: Spaß an Tauwerksarbeiten und Fancywork. Es gibt tausende von bekannten und praktischen Knoten und zudem für jeden Bereich noch spezielle, wie fürs Bergsteigen, Korbflechten, Segeln usw. Außerdem hat die Entwicklung von neuen Kunstfasern die Möglichkeiten und den Einsatzbereich ständig erweitert. Für modernes Fasertauwerk müssen oft neue Verbindungstechniken entwickelt werden. Somit ist und bleibt der Umgang mit Knoten aus beruflichen Gründen oder als Fancywork immer interessant. Wer sich intensiver mit Knoten beschäftigen möchte, findet in dem Archiv der Gilde vielerlei Hilfen. Man kann sich an unten stehende Adressen wenden, um mehr über die „International Guild of Knot Tyers" zu erfahren.

In Großbritannien wird zweimal jährlich eine Knotenmesse veranstaltet, in Deutschland findet einmal jährlich ein Treffen der Gilde statt. Diese Veranstaltungen sind für Mitglieder und Gäste offen. Nähere Informationen über

Nigel Harding, IGKT Guild Secretary
16 Egles Grove
Uckfield, East Suffolk TN22 2BY
Großbritannien
secretary@ight.net
www.igkt.net

Kontakt in Deutschland:
Peter Willems
Bauer Landstr. 200c
24939 Flensburg
peter@fancyworks.de

Danksagung

Das Anschauungsmaterial für die Knoten stammt aus drei Quellen:
English Braids, Spring Lane, Malvern Link, Worcestershire, WR14 1AL, England. Die Firma ist eine der größten Produzenten von Tauwerk, Schnüren und Gurten in Europa, mit Schwerpunkt im marinen Bereich.
E-Mail: info@englishbraids.com
Website: www.englishbraids.com
Footrope Knots, 501 Wherstead Road, Ipswich, Suffolk, IP2 8LL, England. In diesem Betrieb wird konfektioniertes Tauwerk hergestellt, aber auch Sonderanfertigungen sind möglich.
Jimmy Green Marine, The Meadows, Beer, East Devon World Heritage Coast, EX12 3ES, England. In Großbritannien ein bekannter Krämerladen, in dem Hobbykapitäne alles bekommen, was das Seefahrerherz begehrt.
E-Mail: mailorder@jimmygreen.co.uk
Website: www.jimmygreen.co.uk

Glossar

4 P Die verbreitetsten Synthetikfasern zur Herstellung von Tauwerk für verschiedene Zwecke: Polyamid (Nylon), Polyester (Terylene, Dacron), Polyäthylen und Polypropylen.

abseilen (Bersteigen) Der Abstieg in steilem Gelände, bei dem der Bergsteiger mit einem Seil gesichert ist.

Ankerpunkt (Bergsteigen) Ein fester, unbeweglicher Punkt zum Befestigen eines Seils.

aufschlagen Das Aufspalten eines Seils in seine einzelnen Kardeele.

Auge Eine Schlinge, die durch Knoten, Bändsel oder Spleiß in einem Seilende geformt wird. Auch Öffnung einer Takelnadel oder Drahtschlinge, durch das ein Seil-, Schnur- oder Garnende gezogen wird.

Backing Line Auch Füllschnur, Nachschnur. Monofil-Schnur oder geflochtene Polyesterschnur, die unter der Fliegenschnur als Reserveschnur und zum Füllen auf die Rolle gewickelt wird und verhindert, dass die feine Fliegenschnur sich verdreht.

Bändsel Verbindung von zwei parallel liegenden Seilenden, wird meist mit Takelgarn gearbeitet und ähnelt einem Takling. Auch Bezeichnung für Schnüre mit geringem Durchmesser.

Bändselgut Oberbegriff für Tauwerk mit geringem Durchmesser.

bekneifen Reibung oder Druck innerhalb eines Knotens oder im Kontakt mit einem festen Gegenstand (Ring, Poller), die verhindert, dass sich der Knoten löst.

belegen Das Befestigen eines Seilendes an einer Klampe oder einem Poller.

betakeln Umwickeln eines Seilendes mit Takelgarn. Traditionell wird dabei nach jedem Törn ein halber Schlag geknotet.

Bindeknoten Ein Knoten zum vorübergehenden Verbinden zweier Seil- oder Schnurenden.

Blutknoten Begriff, der für verschiedene Angler-, Stopper-, Wurf-leinen- und andere Knoten mit zahlreichen Törns benutzt wird. Ihr Name rührt daher, dass solche Knoten sehr hart sind und traditionell in die Enden der „neunschwänzigen Katze" geknotet wurden.

Bruchlast Von Tauwerksherstellern angegebene Last, unter der ein fabrikneues Seil unter Versuchsbedingungen reißen würde. Daneben wird die Nutzlast angegeben, die manchmal nur einen kleinen Prozentsatz der Bruchlast ausmacht.

Bucht Teil eines Seils zwischen zwei Enden, vor allem wenn es in einem lockeren, u-förmigen Bogen liegt. Ein Knoten, der „in der Bucht" geknüpft wird, kommt ohne lose Enden aus.

Bund Ältere Bezeichnung für den Bindeknoten.

dichtholen Das systematische und sorgfältige Zusammenziehen eines Knotens.

doppeltes Ende Ein auf sich selbst zurückgelegtes Seilende, in das ein Knoten geknüpft wird.

Durchstich Das Durchstecken einer Seilpart unter eine andere.

Ende Das „aktive" Stück eines Seils, in das ein Knoten geknüpft wird (⇒ stehende Part, ⇒ loses Ende). In der Seefahrt auch allgemeine Bezeichnung für ein Seil.

Fall Seil zum Hissen oder Streichen von Segeln.

Fancywork Knoten, die heute hauptsächlich der Dekoration dienen. Viele haben traditionell einen praktischen Zweck erfüllt, z.B. Umknoten von Ruder oder Pinne aus Gründen der Rutschsicherheit, Einknoten von Flaschen zum Schutz vor Bruch.

Faser Der kleinste Bestandteil von Tauwerk. Man unterscheidet natürliche Fasern tierischen oder pflanzlichen Ursprungs und synthetische Fasern, die industriell hergestellt werden.

Festmacher Auch Muringtau. Stabiles, bedingt elastisches Seil zum Anbinden eines Schiffes.

Fid Spitz zulaufendes Holzwerkzeug zum Lockern der Kardeele in geschlagenem Tauwerk.

Garn Faden aus zusammengedrehten Natur- oder Synthetikfasern.

Geflecht über Geflecht Oberbegriff für einen Tauwerkstyp mit einer Seele aus geflochtenen Fasern und einem ebenfalls geflochtenen Mantel. Kann nur aus Synthetikmaterial hergestellt werden.

Grummet Ein Ring aus geschlagenem Tauwerk. Wird meist hergestellt, indem man ein Kardeel kreisförmig dreimal um sich selbst windet, sodass es wieder wie ein Stück dreikardeeliges, geschlagenes Tauwerk aussieht.

Gurtband flaches, gewebtes oder geflochtenes Material (im Gegensatz zu Tauwerk, das einen runden Querschnitt hat).

hartgeschlagen Tauwerk, das relativ steif und wenig flexibel ist, weil während der Herstellung Zug auf das Material ausgeübt wurde. Es lässt sich nur schwer knoten und aufrollen.

Hievleine Auch Wurfleine. Leichtes, langes Seil, das am Ende mit einem speziellen Knoten beschwert ist, z.B. einer Affenfaust oder einem Wurfleinenknoten. Die Leine wird aufgerollt, dann wird das beschwerte Ende geworfen.

Hohlgeflecht Geflochtenes Tauwerk ohne Seele.

Karabiner Ovaler oder D-förmiger Ring mit Schnapp- oder Schraubverschluss, der im Wasser- und Bergsport als Verbindungselement dient.

Kardeel Gegen die eigene Schlagrichtung zu einem Strang zusammengedrehtes Garn. Seil aus zusammengedrehten Kardeelen bezeichnet man als geschlagenes Tauwerk (im Gegensatz zu geflochtenem Tauwerk).

Kern-Mantel-Tauwerk Bezeichnung für verschiedene Typen von Tauwerk mit einer gedrehten Seele und einem geflochtenen Mantel.

Klampe Zweiarmiger Beschlag aus Holz oder Metall zum Belegen (Befestigen) von Seilenden. Typisch auf Segelbooten für Flaggenleinen und Fallen am Mast oder zum Belegen von Schoten an Deck.

klarieren Entwirren von Tauwerk.

Lasching Knoten zur Verbindung von zwei oder mehr nebeneinander liegenden oder gekreuzten Pfosten.

laufendes Gut Tauwerk auf einem Schiff, das ständig bewegt wird, z.B. zum Bedienen der Segel.

Leine Bezeichnung für relativ dünnes Tauwerk, das einem speziellen Zweck dient, z.B. Wurfleine, Wäscheleine, Hundeleine. Auch allgemeine Bezeichnung für dünnes Tauwerk.

linksgeschlagen Tauwerk, dessen Kardeele gegen den Uhrzeigersinn zusammengedreht sind.

loses Ende Das Ende eines Seils, das beim Knoten bewegt wird.

Marlspieker Zugespitztes Metallwerkzeug, das vor allem beim Spleißen zum Lockern der Kardeele sowie als Hebel zum Dichtholen verwendet wird. Auch für Drahtseile geeignet.

Monofil-Schnur Schnur aus einer einzigen synthetischen Faser mit rundem Querschnitt und einem Durchmesser über 50 Mikron.

Multi-plait Bezeichnung für geflochtenes Tauwerk mit oder ohne Seele, meist aus vier oder sechs Kardeelen, von denen jeweils die Hälfte linksgeschlagen und die andere Hälfte rechtsgeschlagen ist.

Naturfaser-Tauwerk Tauwerk, das aus Fasern tierischen oder pflanzlichen Ursprungs hergestellt wird.

Nutzlast Die durchschnittliche Belastung, die ein Seil risikolos aushält. Sie wird durch Alter und Zustand des Seils beeinflusst, aber auch durch einige Knoten. Die Nutzlast kann unter 10 % der vom Hersteller angegebenen Bruchlast betragen.

Platting Flechtknoten aus drei oder mehr Seilen. Kann flach, rund oder quadratisch sein.

quadratgeflochtenes Tauwerk Bezeichnung für einen speziellen Tauwerkstyp aus acht verflochtenen Strängen.

rechtsgeschlagen Tauwerk, dessen Kardeele im Uhrzeigersinn zusammengedreht sind.

Schlagrichtung Die Drehrichtung der Kardeele in geschlagenem Tauwerk, ⇒ rechtsgeschlagen, ⇒ linksgeschlagen.

Schlaufe Seilende, das durch Zusammenlegen von zwei Parten zu einem Kreis entsteht, ohne dass die Parten sich überkreuzen.

Schlinge Oberbegriff für Knoten zur Verknüpfung zweier Seilenden und für fortlaufende Ringe aus Tauwerk, die durch einen Spleiß oder Knoten verbunden sind (siehe Stropp).

Schnur Eng gedrehtes oder geflochtenes Tauwerk, dessen Durchmesser weniger als 4 mm beträgt.

Schot Seil zum Bedienen von Segeln.

Seele Der innere Teil eines mehrschichtig aufgebauten Seils. Die meisten geflochtenen Seile und manche geschlagenen Seile mit mehr als drei Kardeelen haben eine Seele. Die Seele besteht normalerweise aus locker gedrehten oder geflochtenen Garnsträngen und zieht sich längs durch das ganze Seil. Sie kann als Füllmaterial oder zur Verstärkung dienen. In geflochtenen Seilen trägt sie gelegentlich die Hauptlast, während der Mantel hauptsächlich ihrem Schutz dient.

Seil Bezeichnung für dickeres Tauwerk, meist verwendet für Durchmesser über 10 mm.

s-geschlagen ⇒ linksgeschlagen

Slip (geslippt/auf Slip legen) Ein Knoten liegt auf Slip, wenn sein loses Ende nicht durchgezogen, sondern zur Bucht gelegt wird. Solche Knoten dienen normalerweise für kurzfristige Verbindungen und lassen sich durch Zug am losen Ende lösen.

Spleiß Eine Verbindung von zwei Seilenden oder durch Verflechten der Kardeele. Auch die Bildung eines Auges im Seil durch Einflechten der Kardeele des aufgedröselten Endes in die stehende Part.

Springer Kurzes Stück Monofil-Schnur zur Befestigung der Nassfliege und der Fliegenschnur. Manche Vorfächer werden bereits mit Springer angeboten, anderenfalls befestigt man sie mit einem Blutknoten an der Schnur.

stehende Part Der Teil eines Seils, der unter Spannung steht oder nicht bewegt wird. ⇒ auch: loses Ende

stehendes Ende Das Ende eines Seils, das beim Knoten nicht bewegt wird.

stehendes Gut Tauwerk (und Drahtseile) auf einem Schiff, das fest installiert wird und normalerweise nicht bewegt wird.

Stek (Pl.: Steks) Oberbegriff für Knoten, die zur Befestigung eines Seils an einem festen Gegenstand dienen, etwa einem Ring, einer Stange, einer Reling oder einem anderen Seil.

Stopper Knoten in einem Seilende, der das Aufdröseln der Kardeele oder das Durchrutschen des Seils durch eine Öffnung verhindert.

Stropp Fortlaufender Ring oder Schlaufe aus Tauwerk als Hilfsmittel zum Heben von Lasten. Wird als Fertigprodukt verkauft, kann aber auch selbst hergestellt werden, z.B. durch Spleißen.

Superfasern Spezielle Synthetikfasern, die sich durch besondere Eigenschaften auszeichnen, z.B. Haltbarkeit, geringes Gewicht.

Synthetiktauwerk Tauwerk, das aus künstlich hergestellten Fasern produziert wird.

Takelgarn Dünne, traditionell linksgeschlagene Schnur, meist aus zwei Kardeelen. Wird für Bändsel und Taklinge verwendet.

Takling Vernähte oder geknotete Umwicklung eines Tauendes mit Garn, um das Aufdröseln zu verhindern. Als provisorische Lösung ist auch Klebeband oder ein Bindeknoten geeignet.

Talje Vorrichtung mit Blöcken zum Bewegen schwererer Lasten (Flaschenzug).

Tauwerk Oberbegriff für die Seile, Schnüre, Tampen und Leinen in verschiedenen Stärken, Materialien und Qualitäten.

Tippet Vorfachspitze. Das dünne Endstück des Vorfachs, an das eine Fliege gebunden wird.

Törn Führen eines Seils um einen Gegenstand herum, Wicklung von 360°. Wenn sich das Seil dabei überkreuzt, spricht man von einem Kreuztörn.

Trosse Dickes, meist linksgeschlagenes Tau, das aus drei rechtsgeschlagenen, dreikardeeligen Seilen besteht, z.B. Ankertrosse.

Twist 360°-Wicklung einer dünnen Schnur (z.B. Angelschnur). ⇒ Törn

verschweißen Das Verschmelzen der Schnittenden von synthetischem Tauwerk, um das Auflösen zu verhindern. Dünneres Tauwerk kann direkt über einer Flamme angeschmolzen und so verschweißt werden. Dickeres Tauwerk schneidet man am besten mit einer erhitzten, scharfen Klinge. Spezialgeräte erledigen das Schneiden und Verschweißen in einem Arbeitsgang.

Vorfach Das Stück Nylonschnur, das die Verbindung zwischen Fliege und Fliegenschnur bildet.

Vorläufer Kurzes Stück Seil oder Kette, das an einem Ende fixiert ist. Dient zur Sicherung eines anderen Seils, etwa um das unkontrollierte Ausrauschen zu verhindern.

weichgeschlagen Tauwerk, das beim Zusammendrehen der Fasern nur unter geringer Spannung stand. Die Kardeele sind nur locker miteinander verdreht, das Seil ist weich und geschmeidig.

Wuhling (auch Wooling) Verheddertes Seil, das nicht glatt ausrauschen kann.

z-geschlagen ⇒ rechtsgeschlagen

Zwirn Sehr fest gedrehtes, durables Garn.

Register